植物生长调节剂实用技术丛书

植物生长调节剂
在蔬菜生产中的应用

主　编

王三根

副主编

吕　俊

参编人员

孙年喜　何　军

刘　辉　刘大军

金盾出版社

内 容 提 要

本书是"植物生长调节剂实用技术丛书"之一,介绍了植物生长调节剂的基本知识及其在蔬菜生产中的具体应用技术。包括植物生长调节剂在各种蔬菜及其生长发育不同阶段的施用方法、用量、效果和注意事项等,简明扼要,通俗易懂,操作性和实用性强。本书可供相关种植和生产从业人员阅读,也可作为有关院校师生和科研、推广、管理部门人员的参考书。

图书在版编目(CIP)数据

植物生长调节剂在蔬菜生产中的应用/王三根主编. —北京:金盾出版社,2003.8
(植物生长调节剂实用技术丛书)
ISBN 978-7-5082-2582-1

Ⅰ.植… Ⅱ.王… Ⅲ.植物生长调节剂-应用-蔬菜园艺
Ⅳ.S63

中国版本图书馆 CIP 数据核字(2003)第 050406 号

金盾出版社出版、总发行
北京太平路 5 号(地铁万寿路站往南)
邮政编码:100036 电话:68214039 83219215
传真:68276683 网址:www.jdcbs.cn
封面印刷:北京 2207 工厂
正文印刷:北京金星剑印刷有限公司
装订:桃园装订有限公司
各地新华书店经销
开本:787×1092 1/32 印张:5.75 字数:124 千字
2008 年 9 月第 1 版第 4 次印刷
印数:24001—30000 册 定价:9.00 元

序　言

　　20 世纪中叶以来,随着植物激素的陆续发现及人工合成植物生长调节剂的问世,植物生长物质在调控作物生长、增加农作物产量、改善产品品质及产品贮藏保鲜等方面显示了其独特的作用,取得了显著的成效。

　　用植物生长调节剂调控植物的生长发育,已成为国内外迅速发展的一个科研与应用课题,也是将科研成果迅速转化为生产力的一个活跃领域。我国是一个植物王国,也是一个农业大国,人均耕地不足是我国种植业最根本的制约因素,植物生长调节剂的应用,为农、林、园艺生产发展开辟了新的技术途径。与传统的耕作方法相比,应用植物生长调节剂具有成本低、收效快、效益高、省劳力等优势,正广泛应用于种子处理、生根发芽、矮壮防倒、促蘗控芽、开花坐果、整形催熟、抗逆保鲜、性别分化等诸多领域,已成为现代农业的重要技术措施之一,有不可替代的功能和广阔的发展前景。

　　我国地域辽阔,地形复杂,气候多变,生态环境各异。加之植物生长调节剂的作用复杂,它的施用效果又与制剂种类、浓度、施用方法、时期、部位、植物种类、长势、气候、水肥、生产措施等密切相关,因而产生的效果差异很大。同一种植物生长调节剂,既能促进种子萌发、生根、分蘗,又能延长种子休眠和抑制生长;既能引起顶端优势,又能促进侧芽发生;既能刺激细胞分裂分化,又能促进衰老脱落;既能保绿保鲜,又能催熟疏果等等。这就要求使用者对各种植物生长调节剂的基本性质、主要功能、适用范围、施用方法等有所了解,以充分发挥其有益效应,避免因使用不当而造成不应有的损失,促进植物生长调节剂应用技术的健康发展。

本"丛书"作者长期从事植物生长调节剂应用技术的教学、科研和推广工作,广泛收集了国内外有关技术资料,从可读性、实用性、系统性、知识性出发,编写了这套"植物生长调节剂实用技术丛书"。希望本"丛书"的出版能帮助读者消除一些对植物生长调节剂在认识上存在的误区,并对促进植物生长调节剂在生产上的应用起到积极的推动作用。

本"丛书"包括五个分册。第一分册主要介绍植物生长调节剂的基本知识,包括植物激素与植物生长调节剂的概念,植物生长调节剂在生产上的应用效果及其与生产条件的关系,常用植物生长调节剂的种类、性质、适用范围、注意事项,植物生长调节剂的剂型、配制和施用方法,植物生长调节剂的吸收、残留及相互作用,如何正确合理应用植物生长调节剂等。其余四个分册分别就植物生长调节剂在粮棉油、果树林木、蔬菜、花卉等方面的实用技术作了具体介绍,包括使用方法、剂量、时期、效果、注意事项等。"丛书"力求技术先进实用,叙述简明扼要,语言通俗易懂,方法可操作性强。

愿本"丛书"的出版能为广大读者提供有价值的信息资料,成为相关科技工作者和生产人员有益的参考书。

编著者
2003 年 5 月

目　录

第一章　植物生长调节剂概述

一、植物生长调节剂的概念与作用

1. 植物生长调节剂的概念

植物在生长发育过程中,除了要求适宜的温度、光照、氧气等环境条件和需要一般的营养物质如水分、无机盐、有机物外,还需要一些对生长发育有特殊作用,但含量甚微的生理活性物质。这类物质极少量存在就可以调节和控制植物的生长发育及各种生理活动。这类物质称为植物生长物质,包括植物激素和植物生长调节剂。

植物激素是植物体内源产生的活性物质,它可以由负责合成的器官或组织运转到别的器官或组织上,这些物质在植物体内含量极微,但起的作用很大,参与调节植物的各种生理活动。它与碳水化合物、蛋白质、脂肪等同样,是植物生命活动中不可缺少的物质。植物的发芽、生根、生长、器官分化、开花、结果、成熟、脱落、休眠等无不受到植物激素的调节控制。植物如果缺少了这些活性物质,便不能正常生长发育,甚至会死亡。

植物激素主要有如下生理特性:首先,它们都是内生的,是植物在生命活动过程中,细胞内部接受到特定环境信息的诱导而形成的正常的代谢产物。第二,它们在植物体内是能移动的。不同的植物激素在植物体内由不同的器官产生,然后转运到不同的作用部位,对生长发育起调节作用。它们的转移速度和方式,随植物激素种类的不同而异,也随植物及器官特性的不同而有所不同。第三,极低的浓度即具有调节功能。它们在植物体内的含量很少,但对植物的生长发育起着重要的调控作用。

植物激素的生理作用是多方面的,既能促进植物的生长发育,也可抑制或阻碍植物的生长发育。植物从种胚的形成,种子萌发,营养体生长,开花结实到植株衰老、死亡,都受到植物激素的调控。不同的植物激素具有不同的生理功能,同一激素往往又具有多种生理作用,植物的同一生理过程一般又受多种植物激素的调控。植物激素间既相互促进、相辅相成,又相互对抗,它们共同协调和控制整个植株的生长发育。

目前得到公认的植物激素主要有 5 大类,即生长素类、赤霉素类、细胞分裂素类、脱落酸和乙烯。此外,科学家也发现了其他一些具有植物激素作用的内源生长调节物质,如油菜素内酯(芸苔素内酯)、水杨酸、茉莉酸等。

由于植物激素广泛、显著的生理效应和对植物生长发育的强烈调控作用,从植物激素发现之日起,人们就想将其用于农业生产。但是植物内天然存在的激素含量甚微,如欲通过从植物体内提取激素,再应用于农业生产那是很困难的,也是不合算的。于是科学家用其他方法如用微生物发酵的方法浓缩、提取,或通过用化学等方法,仿照植物激素的化学结构,合成具有生理活性的物质或与植物激素的化学结构不相同、但也有生理活性的物质。有些物质在植物体内不一定存在,其化学性质与植物激素也不一定相同,但是具有与植物激素类似的生理效应,也能对植物的生长发育起重要的调节作用。这类人工合成、人工提取的外源的并施用于植物的化学物质称之为植物生长调节剂。

植物生长调节剂因其显著、高效的调节效应，已被广泛地应用于大田作物、经济作物、果树、林木、蔬菜、花卉等各个方面。不少研究成果已在生产上大面积推广应用，并取得了显著的经济效益，对促进农业生产起了一定作用。植物生长调节剂的特点之一是只要使用很低浓度（甚至不到百万分之一），就能对植物的生长、发育和代谢起重要的调节作用。一些栽培技术措施难以解决的问题，能通过使用植物生长调节剂得到解决，如打破休眠、调节性别、促进开花、化学整形、防止脱落、促进生根、增强抗性等。

植物生长调节剂根据其作用方式可分为许多类型，如植物生长促进剂、植物生长延缓剂、植物生长抑制剂。也可根据作用的对象分为生根剂、壮秧剂、保鲜剂、催熟剂等。

值得注意的是，尽管植物生长调节剂具有很多生理作用，但它并不能代替植物的营养物质，二者之间存在着根本的区别。植物营养物质是指那些供给植物生长发育所需要的矿质元素，如氮、磷、钾等。它们是植物生长发育不可缺少的，直接参加植物的各种新陈代谢活动，或是植物体内许多有机物的组成成分，参与植物体的结构组成。植物的生长发育对营养物质的需要量较大，由土壤供给或施肥补充。而植物生长调节剂不提供植物生长发育所需要的矿质元素。它是一类辅助物质，主要通过调节植物的各种生理活动来影响植物的生长发育，一般不参与植物体的结构组成，其效应的大小不取决于其必要元素的含量，植物对它们的需要量很小，用量过大反而会影响其正常生长发育，甚至导致植物死亡。可见植物生长调节剂与植物矿质营养物质是完全不同的两类物质，二者不能混为一谈。目前市场上销售的有些产品如微肥，属于植物营养物质，并不是植物生长调节剂。当然也有一些制剂是将

· 3 ·

微肥与植物生长调节剂混合在一起的。

此外市场上还有一类产品即生物制剂销售,如增产菌、根瘤菌种等。生物制剂本身就是一种微生物,如细菌、真菌等,是有生命的,高温、强酸、强碱等不良条件可降低或使其失去生物活性,因此在贮藏和使用过程中需要特别小心。生物制剂是利用微生物与植物之间的共生关系,相互依赖、互相促进,从而影响植物的生长发育的。因此生物制剂也不是植物生长调节剂,购买和使用时应注意它们的性质和作用的不同。同样的道理,一些生物制剂里也可能含有植物生长物质,有调节植物生长发育的效应,起到植物生长调节剂的作用。

2. 植物生长调节剂的作用

(1) 促进插条生根与苗木繁育 利用生长素类物质可促进插条生根,特别是对于一些难以生根、较为名贵的植物种类,以生长素促根,可以加快繁殖速度,有较大的经济价值。生长素类调节剂中,2,4-D、α-萘乙酸、萘乙酰胺、吲哚乙酸、吲哚丁酸等,都具有不同程度促使插条形成不定根的作用。由于生长素类在植物体内可极性运输,所以在生长素的参与下,插条维管束形成层和基部组织的韧皮部、木质部的薄壁细胞形成愈伤组织,分化根的原基,使之成为具有分生能力的细胞,最后形成不定根,因而提高了插条的成活率。应用植物生长调节剂促使插条生根,在花卉苗木、园林、果树苗木的繁殖上,已被广泛应用。

(2) 促使种子和块根块茎发芽 种子发芽,除了需要适宜的温度、水分和氧气等先决条件外,要使种子顺利发芽,还须打破种子的休眠。由于种子的发芽须经一系列的酶促过程,首先要使种子糊粉层和胚乳组织中的淀粉被水解为还原糖,蛋白质水解为氨基酸,糖和氨基酸再送到胚,供胚生长的需要。而胚乳外的糊粉层是有生命的细胞,在它休眠期间,受多种内源激素的制约。当赤霉素、细胞分裂素等植物生长调节剂处理种子后,诱导了各种水解酶的活性,导致种子萌发。利用植物生长调节剂,如赤霉素、细胞分裂素、油菜素内酯、三十烷醇等,打破种子休眠,提高发芽率取得了很大的成功,如马铃薯的秋播催芽,稻麦良种的繁殖催芽,玉米浸种催芽,桃、柑橘、甜橙、榛子、葡萄和番木瓜等种子的催芽。植物生长调节剂还用于促进马铃薯、甘薯等块根块茎的发芽。

(3) 促进细胞的分裂和伸长　生长素、赤霉素、细胞分裂素、油菜素内酯等都有促进细胞伸长的作用。生长素可促进细胞的纵向伸长,使细胞壁疏松,增加可塑性,同时对幼嫩细胞反应灵敏,而对成长细胞反应不灵敏,所以在农业生产上用于防止器官脱落方面较多。赤霉素可促进茎、叶生长,这在蔬菜(如芹菜、菠菜、莴苣)、麻类、甘蔗等作物上已有大量应用,在杂交水稻制种技术上,已作为一项重要的增产措施加以应用。细胞分裂素除了促进细胞伸长,使细胞体积加大外,更重要的是促进细胞分裂,它和生长素配合,能控制植物组织的生长和发育,它是植物组织分化的物质基础之一,它能抑制茎的伸长,使茎向横轴方向扩大、增粗。应用于农业生产,主要是促进植物组织分化、抑制衰老、防止果树生理落果等。

(4) 诱导花芽分化与无籽果实的形成　当植株施用细胞分裂素之后,由于细胞分裂素具有对养分的动员作用和创造"库"的能力,可促使营养物质向应用部位移动,例如,叶面喷施细胞分裂素类物质,可使其他部位的代谢物质向处理部位移动,并可改变新合成的纤维素微纤丝在细胞壁上沉淀的方向,使之更多地沉淀于与细胞长轴平行的方向,这样就抑制了细胞的纵向伸长而允许横向扩大,因而可促进侧芽的萌发,这对于利用侧枝增大光合面积和结果的作物效果甚为显著。例如,茶树施用细胞分裂素之后,可以增加茶芽密度,西瓜、柑橘、葡萄等施用细胞分裂素之后,对作物提高坐果率、增加含糖量、改善果实品质都具有极明显的作用,生长素、赤霉素类物质还能够诱导无籽果实的形成。

(5) 保花保果与疏花疏果　植物从开花结果到成熟,是一个受多种因素干扰的复杂生长过程,而利用植物生长调节剂,可调节和控制果柄离层的形成,防止器官的脱落,达到保花、保果的目的。在生长素、细胞分裂素、赤霉素等植物生长调节剂中,有多种化合物都具有防止器官脱落的功能,它们都以自己独有的生理功能在农业生产上发挥作用,如防止棉花蕾、铃脱落,防止果树生理落果,提高茄果类蔬菜的坐果率等。吲哚丁酸、萘乙酸、2,4-D、赤霉素等,被广泛应用于蔬菜、果树、棉花等作物的保花、保果,从而达到增加产量的目的。同样,也可以利用植物生长调节剂来疏花疏果,克服果树生产的大小年现象,保护树势,提高果实的品质。

(6) 调控雌雄性别　调控植物花的雌雄性别,是植物生长调节剂的特有生理功能之一,应用最广泛、效果显著的是乙烯利和赤霉素。乙烯利的作用在于当瓜类植株的发育处于"两性期"时,抑制了雄蕊的发育,促进了雌蕊的发育,引起植株花序性别改变,使雄花转变为雌花。赤霉素调控花的性别与乙烯利相反,它抑制雌花的发育,促进雄花的发育,因此,用赤霉素处理后,花的性别表现是,每节都不生雌花,而只生雄花。在农业生产上,应用乙烯利和赤霉素来调控雌雄性别都有成功的经验,如利用乙烯利控制瓠瓜、黄瓜雌花的发生,利用赤霉素诱导雄花的产生,在黄瓜的育种上,使全雌株的黄瓜产生雄花,然后进行自交或杂交,为黄瓜品种保存和培育杂种一代提供有效的措施。还有一些植物生长调节剂,也能用于调控性别的分化。

(7) 抑制植株徒长与矮化整形 植株由于环境因素的影响,诸如气候(日照、雨水、温湿度)、肥料(偏施氮肥)、灌溉(长期积水或灌深水)等因素,以及植物品种的内在因素都能引起植株的徒长。如果营养生长过旺,影响生殖生长,会造成光合产物的消耗而减产。运用植物生长调节剂进行化学调控,抑制徒长,调整株型,可收到良好的效果。在抑制植株徒长的植物生长调节剂中,无论是导致顶端优势丧失的抑制剂,还是只抑制近顶端分生组织区细胞分裂和扩大的延缓剂,都以不同的形式对植株的徒长起抑制作用,如控制水稻秧苗徒长的多效唑,防止棉花蕾、铃期徒长的助壮素,抑制花生徒长的比久,调整大豆株型的三碘苯甲酸等都以不同的作用方式使植物株型矮化紧凑,提高光合作用强度,加速光合产物的运输和贮存,为生殖生长提供充分的营养来提高作物产量。这些抑制剂还用于果树矮化、花卉整形等方面,都取得明显效果。

(8) 增强植株的抗逆力 植物生长调节剂的应用,还可克服异常气候和环境条件对农业生产造成的不利影响,同时也充分显示出它在防灾、避灾方面的独特作用和效果。在北方冬麦区的"干热风",江、浙稻区的"寒露风",西南地区的"倒春寒",都是严重影响粮食生产的障碍因子之一,而在小麦的扬花期和灌浆期喷施环烷酸钠或三十烷醇后,能提高光合效率,加快灌浆速度和干物质积累,有明显的防"干热风"的作用。在晚稻孕穗阶段,若遇"寒露风"时,喷施赤霉素可促使水稻抽穗,提高花粉细胞的活力,有利于水稻正常抽穗扬花,提高结实率。棉花在秋季遇低温,会影响吐絮,使产量和品质降低,我国北方棉区在临收获或低温来临时,喷施乙烯利可促进纤维素酶的活性,使棉铃早熟开絮。在西南地区"倒春寒"前用生长调节剂促进水稻秧苗健壮、多发根、早返青,可提高对低温的抗性。在北方为预防"倒春寒"对冬小麦的冻害,可在有降温趋势之前,喷施矮壮素来缓解冻害对小麦的危害。在林木、果树、花卉等方面,都有许多用植物生长调节剂提高植株抗逆性的成功例子。

(9) 促使早熟丰产与改善品质　除了采用一系列的传统农艺手段之外,运用植物生长调节剂,促使农作物提早成熟、改善品质已成为农业生产上广泛应用的技术措施。在水稻的乳熟期喷施乙烯利,可使早稻提早成熟 3～5 天,有利于后季稻争季节。在番茄转色期用乙烯利处理后,可使番茄提早成熟 6～8 天,同时可增加早期产量和改善果实风味。在西瓜上应用细胞分裂素浸种及花期喷施,使西瓜提前成熟 3～7 天,并使含糖量提高 $0.5° ～1°$。玉米用细胞分裂素处理,可提早成熟 4～6 天。植物生长调节剂在促进粮食、果蔬的成熟及改善品质等方面起了重要作用。

(10) 贮藏保鲜防衰老　植物生长调节剂可用于延长水果、蔬菜、花卉在采收后的保鲜期,防止衰老、变质和腐烂,提高食用品质和商品价值,减少在运输和贮藏过程中的损失。细胞分裂素类物质有延缓衰老的功能,植物体经处理后,首先能阻止核酸酶和蛋白酶等一些水解酶的产生,因而保证了核酸、蛋白质和叶绿素等不被破坏;其次,它不仅阻止营养物质向外流动,而且可使营养物质向细胞分裂素所在的部位运输。例如,用 6-苄基腺嘌呤处理甘蓝、抱子甘蓝、花椰菜、芹菜、莴苣、菠菜、萝卜、胡萝卜等都能有效地保持采收后的新鲜状态,对提高食用品质和商品价值十分有利。应用比久、矮壮素、2,4-D 等植物生长调节剂处理大白菜、洋葱、大蒜、马铃薯等作物,防止在贮藏期间变质、变色、发芽有较好的效果。此外,植物生长调节剂还用于切花保鲜,延长瓶插切花的寿命,提高观赏价值等。

二、植物生长调节剂的合理应用

1. 植物生长调节剂与环境条件的关系

植物生长调节剂的效果与温度、湿度和光照等外界环境条件有着密切的关系。

在一定温度范围内,对植物使用植物生长调节剂的效果,一般随温度升高而增大。这是因为温度升高会加大叶面角质层的透性,加快叶片对植物生长调节剂的吸收。同时,温度较高时叶片的蒸腾作用和光合作用较强,植物体内的水分和同化物质的运输也较快,这也有利于植物生长调节剂在植物体内的传导。生长物质一般在高温下使用浓度要低些,在低温下使用浓度要高些。

有些植物生长调节剂的应用,在不甚适宜的环境下更能显示出它的效果,而在正常条件下,则不需要使用。如番茄等在低温或高温下会大量落花,这时使用 2,4-D 或防落素,防止落花的效果会非常明显。而在适宜的温度下,由于落花不严重,因此使用 2,4-D 或防落素的效果也就不明显。

光能促进植物光合效率的提高和光合产物的运转,并促进气孔张开,有利于对药液的吸收,同时还促进了蒸腾,又有利于药液在植物体内的传导,因此植物生长调节剂多在晴天使用。但是,光照过强则叶面的药液易被蒸发,留存时间短,不利于叶面对生长调节剂的吸收,因为叶片不能吸收固体物质,故夏季使用植物生长调节剂时,要注意避免在烈日下喷洒。

空气湿度大,能使叶面角质层处于高度水合状态,延长药滴的湿润时间,有利于吸收与运转,叶面上的残留量相对较少,能够提高使用效果。

风速过大,植物叶片的气孔可能关闭,且药液易干燥,不利于药液吸收。故一般不宜在强风时施用。

施药时或施药后下雨会冲刷掉药液。在一般情况下,要求喷洒后12~24小时不下雨,才能保证药效不受影响,否则应重施。

环境因素除了影响药效外,更重要的是影响植物的生长发育。在不同的环境条件下,植物生长发育的状况不同,需要调控的方面也有差异。例如,干旱情况下,植物需要提高抗旱力;低温情况下,植物易受冷害,应提高其抗低温能力。因此,应该根据各地环境条件,选用适宜的植物生长调节剂对症下药,确定适宜的浓度和施用时期,采用正确的施用技术,才能真正发挥生长调节剂的作用。

要使植物生长调节剂在农业生产应用上获得理想的效果,一定要配合其他栽培措施。例如,萘乙酸、吲哚丁酸处理插条后可以促进生根,但是如果不保持苗床内一定的湿度和温度,生根是难以保证的。如果栽培措施不合理,土壤瘠薄,肥水不足或有病虫害等,也不能产生应有效果。例如,用防落素、2,4-D、萘乙酸和比久等防止落花落果,还需加强肥水管理,保证营养物质的不断供给,才能获得高产。又如,用乙烯利催熟果实还应与适时采收相结合,否则达不到催熟的目的。因此,使用生长调节剂时不能离开正常的栽培措施,而应该与合理的栽培措施相结合,才能收到预期的效果。

要使植物健壮地生育,决不能离开农业技术措施的综合应用,如果舍本逐末,即使应用植物生长调节剂也不能达到预期的目的。大量实践表明,植物生长调节剂的应用效果同农业措施密切相关。如乙烯利处理黄瓜,能多开雌花、多结瓜,这就需要对它供给更多的营养,才能显著地增加黄瓜产量。但如果肥水等营养条件不能满足,则会造成黄瓜后劲不足和早衰,反而降低产量。如用乙烯利培育后季稻矮壮秧,其效果与秧田密度关系很大。如在稀落谷的条件下,培育矮壮秧的效果很好。但如果密度过高,则容易造成秧苗在秧田拔节,降低秧苗素质。

2. 植物生长调节剂的施用方法

植物生长调节剂的施用方法较多,随生长调节剂种类、应用对象和使用目的而异。方法得当,事半功倍;方法不妥,则适得其反。在实际应用中要根据实际情况灵活选择。

溶液喷洒是生长调节剂应用中常用的方法,根据应用目的,可以对叶、果实或全株进行喷洒。先按需要配制成相应浓度,喷洒时液滴要细小、均匀,药液用量以喷洒部位湿润为度。为了使药液易于粘附在植物体表面,可在药液中加入少许乳化剂,如中性皂、洗衣粉、烷基磺酸钠,或表面活性剂如吐温20、吐温80,或其他辅助剂,以增加药液的附着力。溶液喷洒多用于田间,盆栽也用。为了使药液在植物体表面存留时间长,吸收较充分,喷药时间最好选择在傍晚,气温不宜过高,使药剂中的水分不致很快蒸发。否则容易造成过量未被吸收的药剂沉积在叶表面,对组织有害。傍晚喷施后,第二天早上的露水有助于药剂被充分吸收。如处理后 4 小时内下雨,叶面的药剂易被冲刷掉,降低药效,需要重新再喷。应根据使用量选择不同型号的喷雾器。

喷洒植物生长调节剂时,要尽量喷在作用部位上。如用赤霉素处理葡萄,要求均匀地喷于果穗上。用乙烯利催熟果实,要尽量喷在果实上。用萘乙酸作为疏果剂,对叶片和果实都要全面喷到;而作为防止采前落果时,则主要喷在果梗部位及附近叶片上。

浸泡法常用于种子处理、促进插条生根、催熟果实、贮藏保鲜等。

种子处理时浸种的用水量要正好没过种子,使种子充分吸收药剂。浸泡时间6~24小时。如果室温较高,药剂容易被种子吸收,浸泡时间可以缩短到6小时左右;温度低时,则时间适当延长,但一般不超过24小时。要等种子表面的药剂晾干后播种。

促进插条生根可将插条基部长2.5厘米左右浸泡在含有植物生长调节剂的水溶液中。浸泡时间的长短与药液浓度有关。如带叶的木本插条,在5~10毫克/升吲哚丁酸中浸泡12~24小时,较为适宜。如药剂浓度改为100毫克/升,则只需浸泡1~2小时。浸泡时应放置在室温下阴暗处,空气湿度要大,以免蒸发过快,插条干燥,影响生根。浸泡后可将插条直接插入苗床中,四周保持透气,并有适宜的温度与湿度。也可用快蘸法,操作简便,省工。将插条基部长2.5厘米左右放在萘乙酸或吲哚乙酸酒精溶液中,浸蘸5~10秒钟,药剂可以通过组织或切口很快进入植物体,待药液干后,可立即插入苗床中。也可用较高浓度的水溶剂,如5 000毫克/升丁酰肼(比久),快蘸处理,促进生根。另外还可用粉剂处理,将苗木插条下端2厘米左右先在水中浸湿,再蘸拌有生长素的粉剂。为防止扦插时蘸在插条上的药粉被擦去,可先挖一条小沟,把插条排在沟中,然后覆土压紧。

催熟果实是将成熟的果实采摘下来后,浸泡在事先配制好的药液中,浸泡一段时间,取出晾干后放在透气的筐内。如用乙烯利催熟,果实吸收乙烯利后,有充分的氧气才能释放出乙烯气并诱导生成内源乙烯,达到催熟的目的。马铃薯催芽,也可用此方法。

贮藏保鲜可用于鲜切花,如唐菖蒲、菊花、金鱼草等,直接浸泡在保鲜液中,贮藏在 2℃~5℃ 低温下,能延长保鲜期。在室内瓶插的,在室温下也可延长观赏时间。保花保果可将药剂盛在杯中蘸花簇,蘸湿即可。

涂抹法是用毛笔或其他工具将药液涂抹在植物的某一部分。如用 2,4-D 涂布在番茄花上,可防止落花,并可避免其对嫩叶及幼芽产生危害;将乙烯利溶液涂布在橡胶树干的割胶带上,能促进排胶。对于切割后收取流出液汁的树木,如橡胶、生漆、安息香树等的次生物质的处理,处理前在切口下部约 2 厘米处去掉木栓化树皮,涂抹上含有调节剂的载体,如棕榈油、沥青等。处理部位随着切割逐步被切除,等完全切除后再作第 2 次处理。此法便于控制施药的部位,避免植物体的其他器官接触药液。对于一些对处理部位要求较高的操作,或是容易引起其他器官伤害的药剂,涂抹法是较好的选择。

用羊毛脂处理时,将含有药剂的羊毛脂直接涂抹在处理部位,大多涂在切口处,有利于促进生根,或涂芽促进发芽。香蕉催熟时,可用乙烯利水溶液直接涂抹果蒂。

土壤浇灌法是配成水溶液直接灌在土壤中或与肥料等混合使用,使根部充分吸收。盆栽植物用水量根据植株大小与盆的大小而定。9~12 厘米盆一般 100 毫升,15 厘米以上的盆需 200~300 毫升。用水量不要太多,以免药剂从盆底泄水口流失,降低药效。如是溶液培养,可将药剂直接加入培养液中。在育苗床中处理时(如番茄)除叶面喷洒外,可随着灌溉将药剂徐徐加入流水中,供根系吸收。大面积应用时,可按一定面积用量,与灌溉水一同施入田中。也可按一定比例,把生长调节剂与土壤混合,进行撒施。施入土壤的植物生长调节剂,可以是一定浓度的药液,也可以按照一定比例混在肥料、细土中。在一些盆栽花卉中,可以根据植株的大小和花盆的大小确定药液的用量。也可以按照用量直接拌入盆土中。在林地使用时要除去地表的枯枝败叶等,让表土裸露。另外,土壤的性质和结构,尤其是土壤有机质含量多少对药效的影响较大,施用时要根据实际情况适当增减用药剂量。

为促进开花,控制植株茎、枝伸长生长等,可将水溶液直接注入筒状叶中,如玉米、凤梨和郁金香等。如处理叶腋或花芽,为防止药剂流失,可事先放一小块脱脂棉,将药剂滴注在棉花上,使其能充分吸收,而不致流失。

注射法是将药剂通过注射器,多方向地注入植物输导系统中,以助吸收。用于木本植物可在树干基部注入药液。在凤梨的叶筒上灌注乙烯利溶液,诱导花的形成。另外,在矮化盆栽竹时将浓度为 100～1 000 毫克/升的矮壮素、多效唑、整形素、青鲜素等药液中的一种注入竹腔,可使处理竹的株高缩至未处理的 1/5 左右。

熏蒸法是利用气态或在常温下容易气化的熏蒸剂在密闭条件下施用的方法。如用气态乙烯拮抗剂 1-甲基环丙烯在密闭条件下熏蒸盆栽月季,以延缓衰老和防止落花落叶。熏蒸剂的选择是取得良好效果的前提,但是由于目前可用于熏蒸的植物生长调节剂种类较少,选择余地也小。在进行气体熏蒸时,温度和熏蒸容器的密闭程度,是两个重要的影响因素。气温高,药剂的气化效果好,处理效果也好;气温低则相反。处理容器的密闭性越好,处理效果也越好;处理容器的密闭性不好则相反。

萘乙酸甲酯可用于窖藏马铃薯、大蒜、洋葱等。将萘乙酸甲酯倒在纸条上,待充分吸收后将纸条与受熏物体放在一起,置于密闭的贮藏窖内。取出时,抽出纸条,将块茎或鳞茎放在通风处,待萘乙酸甲酯全部挥发后即可。

扦插法一般用于移栽的植株。将浸泡过生长素类药液的小木签,插在移植后的苗木或幼树根际四周的土壤中。木签中的药剂溶入土壤水中,被根系吸收,有助于长新根,提高移栽成活率。

高枝压条切口涂抹法可用于名贵的难生根植株繁殖。在枝条上进行环割,露出韧皮部,将含有生长素类药剂的羊毛脂涂抹在切口处,用苔藓等保持湿润,外面用薄膜包裹,防止水分蒸发,当枝条在母枝上长出根后,可切下生根枝条进行扦插。

拌种法与种衣法专用于种子处理。用杀菌剂、杀虫剂、微肥等处理种子时,可适当添加植物生长调节剂。拌种法是将试剂与种子混合拌匀,使种子外表沾上药剂,如用喷壶将药剂洒在种子上,边洒边拌,搅拌均匀即可。种衣法是用专用剂型种衣剂,将其包裹在种子外面,形成有一定厚度的薄膜,可同时达到防治病虫害、增加矿质营养、调节植物生长的目的,省工,省时,效率高。

3. 合理应用植物生长调节剂应注意的问题

(1) 进行一定规模的预备试验 有许多药剂会产生同一个效果,如化学整形,有好多植物生长延缓剂可供选择,如丁酰肼、矮壮素、多效唑、嘧啶醇等。各种不同植物对不同药剂的反应不同。根据所拥有的药剂,最好做 1 次对比试验,1 周后就能观察到效果。然后选择一种药效显著、没有副作用、使用简便、价格便宜的药剂作大面积应用。有的药剂药效期短,往往需要多次处理,那就选择药效期长的 1 次处理即可,可以节省劳力。但如 1 次使用后出现药害,如叶色发黄、有枯萎现象等,则不如选用低剂量、多次处理更好。

我国地理气候和土壤条件各地相差很大,文献上即使有同样的试验报告,由于作物种类不同、品种不同,即使同一作物同一品种,由于南北地区气候条件不同,甚至每年条件不同,土壤类型不同,不做预备试验是会有危险的。此外,同一药剂,由于厂家不同,批号不同,存放时间长短不同,都有可能出现问题。因此,在大规模试验或处理作物之前,一定要做预备试验(处理)。以供试药液供试浓度处理供试作物 3~5 株(或果树的 1~2 枝条),三五天后观察,如无烧伤或其他异常现象,就可以大规模应用于田间。植物如有异常反应,则应降低浓度或剂量,再行试验,直到安全无害为止。生长调节剂因浓度不同,效果完全相反,甚至有烧死作物的危险。因此,预备试验是保证不会大面积伤害作物的必要措施,这个环节非常重要。

(2) 选定适宜的使用时期　使用植物生长调节剂的时期至关重要。只有在适宜时期内使用植物生长调节剂才能收到应有的效果。使用时期不当,则效果不佳,甚至还有副作用。植物生长调节剂的适宜使用期主要取决于植物的发育阶段和应用目的。如乙烯利催熟棉花,在棉田大部分棉铃的铃龄达到 45 天以上时,有很好的催熟效果。如果使用过早,会使棉铃催熟太快,铃重减轻,甚至幼铃脱落;使用过迟,则棉铃催熟的意义不大。果树使用萘乙酸,如作疏果剂则在花后使用;如作保果剂则在采前使用。黄瓜使用乙烯利诱导雌花形成,必须在幼苗 1~3 叶期喷洒,过迟用药,则早期花的雌雄性别已定,达不到诱导雌化的目的。施用抑制禾谷类徒长的试剂,应在拔节期初施药较好,过迟无效,过早效果也差。

由于作物生育的不同时期,对外施生长调节剂的反应(敏感性)不同,为了防止果蔬的落花落果,必须在发生落花落果前处理,过迟则起不到防止脱落的作用。抑制夏梢发生,应在夏梢发生前或生长初期处理,才有明显的抑制作用,若处理过迟不仅不能抑制夏梢生长,反而抑制了秋梢的生长。对果实的催熟,应在果实转色期处理,可提早 7~15 天成熟,若处理过早,果实品质受影响,反之催熟作用不大。水稻和小麦的化学杀雄,以单核期(花粉内容充实期)施药最佳,不实率在95%以上,杀雄率高,过早或过迟用药,其杀雄效果差,甚至无效。此外,植物吸收生长调节剂之后,运输到作用部位,需经一定时间,并要经过一系列的生理生化变化,到表现出形态变化,尚需一定时间,因此,喷药时间也应提早几天。

由此看来,植物生长调节剂的适宜使用时期,不能简单地以某一日期为准,而是要根据使用目的、生育阶段、药剂特性等因素,从当地实际情况出发,经过试验确定最适宜的用药时期。

(3) 正确的处理部位和施用方式　要根据实际需要决定处理部位。例如,用 2,4-D 防止落花落果,就要把药剂涂在花朵上,抑制离层的形成,如果用2,4-D处理幼叶,则会造成伤害。又如以乙烯利促进橡胶树排胶,应将乙烯利油剂涂在树干割胶口下方宽 2 厘米处,刺激树胶不断分泌汁液,提高产胶量,否则就收不到预期效果。又如用萘乙酸或乙烯利刺激凤梨开花,可将药液灌入筒状心叶中,直接刺激花序分化,而不是全株喷洒或土壤浇灌。植物的根、茎、叶、花、果实和种子等对同一种生长调节剂或同一剂量的反应不同。同样的浓度对根有明显的抑制作用,而对茎则可能有促进作用;对茎有促进作用的浓度往往比促进芽的高些。如 10～20 毫克/升 2,4-D药液对果实膨大生长有促进作用,而对于幼芽和嫩叶却有明显的抑制作用,甚至引起变形。因此,使用时必须选择适当的用药器具,对准所需用药的部位施药,否则会产生药害。一般生长调节剂可通过叶面被吸收,常用叶面喷洒。有的生长调节剂较易被根吸收,则以土壤施用效果较好。还有一些生长调节剂既可通过叶面吸收,又可通过根系吸收,两种方法均可采用。

(4) 防止药害,保证安全施用　药害是一类由于生长调节剂使用不当而引起的与使用目的不相符的植物形态和生理变态反应。如使用保花、保果剂而导致落花、落果;使用生长素类调节剂引起植株畸形、叶片斑点、枯焦、黄化以及落叶、小果、劣(裂)果等一系列症状变化,均是属于药害的范畴。植物生长调节剂引起药害有急性与慢性之分,急性药害一般在施药后 1～10 天内表现,慢性药害都在 10 天以后发生,有的甚至到作物收获期方可测得。所以,对于植物生长调节剂药害的症状、原因和预防必须予以足够的重视。

药害产生的原因很多,如与气候就有很大关系。温度高低不仅影响到使用植物生长调节剂的效果,而且常是导致作物药害的重要因素。2,4-D、防落素、增产灵等苯氧乙酸类调节剂使用时对温度要求较为严格,温度过高、过低都将引起不良后果。柑橘为保花、保果在喷施了防落素后遇到高温天气,如日平均温度在 30℃ 以上的天气持续时间长,就会导致大量落花落果,有的树体由于使用浓度过高,甚至不结果,引起严重减产。又如番茄在气温高于 35℃ 以上时,用 2,4-D 点花保果很易产生药害。

(5) 正确掌握施用浓度和施药方法　植物生长调节剂的一个重要特点,就是其效应与浓度有关。如2,4-D、抑芽丹、调节膦、增甘膦等药剂,在较低浓度时起到调节植物生长的功能,而在高浓度时则可起到除草的作用。因此,如果使用浓度掌握不当,用药量过大,常是导致药害的重要因素。

每一种生长调节剂对各种作物的应用浓度是有差异的,甚至同一种浓度对同种作物不同器官的致害浓度亦不一样。如乙烯利在水稻秧苗上使用1 000毫克/升的浓度不会产生药害,而在山楂上喷施,则可引起山楂落叶。又如2,4-D是番茄的一种点花保果剂,常用浓度为 10 毫克/升,它对花瓣无药害,但对叶片却有药害。所以,各种作物对不同的植物生长调节剂的敏感性是不同的。

有些生长调节剂的药害,是由于栽培管理不当而引起的。如多效唑用于连作晚稻秧苗,若秧田作拔秧留苗处理,可引起晚稻抽穗障碍,而作翻耕移栽处理,药害就可避免。

引起生长调节剂药害的主要原因往往是不合理使用所致,如错用药剂、喷施浓度过高、施药方法不合理等等,均可导致作物药害。

要预防药害则要注意如下问题:正确选择适宜的生长调节剂是安全用药的先决条件,选用时须注意掌握生长调节剂的基本性能。由于每一种调节剂都有各自的理化性质、作用机理和适用作物,所以在使用前应掌握使用要点和注意事项,避免用错药。

明确生长调节剂的使用目的。常用生长调节剂有促根、助长、抑生、保花、保果、增糖、杀雄、催熟等功能,而每一种作物在不同生育期又有不同的生理要求,要认识生长调节剂不是万能灵药,要因作物及生育期酌情选择,合理使用。

正确配制生长调节剂的适用浓度。首先,要根据作物的种类来确定药剂的浓度,如使用赤霉素在梨树花期用 10~20 毫克/升,甘蔗拔节初期用 40~50 毫克/升。其次,要根据药剂种类确定使用浓度。如柑橘保花、保果,使用赤霉素可掌握在 50 毫克/升,防落素为 15~25 毫克/升,2,4-D 10 毫克/升为宜,若任意提高浓度,则会引起药害。其三,要根据气温确定药剂浓度,在番茄植株上使用 2,4-D 点花保果,气温在 15℃左右时,浓度宜控制在 15 毫克/升;25℃左右时,以 10 毫克/升较好;30℃时应降至 7.5 毫克/升,当气温超过 35℃时,不宜采用 2,4-D 点花保果。其四,要根据药剂有效成分配准浓度,由于生长调节剂种类繁多,有效成分含量各不相同,如有 85% 赤霉素晶体,也有 4% 赤霉素乳剂,在配制时,要根据有效成分加适量的水稀释。

正确掌握生长调节剂的施药方法也很重要。采用喷雾法时,在掌握适期和配准浓度的同时要选择适宜田块喷雾,如棉花喷施调节啶或矮壮素,要选择对茎叶生长旺盛的田块喷施。以点花法施用生长调节剂时,要选好药剂和浓度,避免高温点花,并在药液中适当加入颜料,防止重复点花。浸蘸法施药,要注意浓度与环境的关系,如在空气干燥时,枝叶蒸发量大,要适当提高浓度,缩短浸渍时间,避免插条吸收过量药剂而引起药害;要注意扦插温度,一般生根发芽以 20℃~30℃ 最适宜;要抓好插条药后管理,插条以放在通气、排水良好的砂质土壤或细砂中为好,防止阳光直射。

(6) 恰当的管理措施　要正确抓好药后管理。使用植物生长调节剂的作物。要根据作物生长特点和生长调节剂的特有要求抓好管理。一般施用助壮素、增产灵等药剂后,要适当增施氮、磷、钾肥料，促进生长，防止早衰。施用多效唑的水稻秧苗要作移栽翻耕处理。连年使用调节膦、多效唑的果树，要注意年份间停用，以利正常生长结实。

喷施植物生长调节剂时要制订安全间隔期。对各种植物生长调节剂制订最后一次施药离收获期的间隔时间，可控制生长调节剂残留量在安全系数以内。

调节剂之间混用目的要明确。在植物生长调节剂混用时，要根据作物对象明确应用目的，再注意调节剂的功能，做到混用目的与生长调节剂的生理功能要一致，不能将两种生理功能完全不同的，混合后不能对应用目的起增效作用的，甚至是对立的生长调节剂进行混用，使各自的生理功能互相抵消。例如多效唑、矮壮素、比久等不能与赤霉素混用。

酸性调节剂不能与碱性调节剂混用。混合使用植物生长调节剂时，要注意各自的化学性质，不能将酸性与碱性两种调节剂混用，以免发生中和反应而使药剂失效，例如乙烯利是强酸性的生长调节剂，当 pH 值＞4.1 时，就会释放乙烯，所以不能与碱性的生长调节剂或农药混用。

要重视混用化合物相溶性。植物生长调节剂之间或与某些植物营养元素混用时，要注意各种化合物的相溶性，保持离子平衡关系。在生长调节剂中加入某些植物营养元素时，要防止出现沉淀、分层等反应。例如应用比久时，不能加入铜制剂，否则将使比久的生理功能遭到破坏。同时也要防止植物营养元素间的互相沉淀析出现象。

(7) 妥善保管植物生长调节剂　温度对于植物生长调节剂的影响较大，一般温度愈高，影响愈大。温度的变化，会使植物生长调节剂产生物理变化或化学反应，致使植物生长调节剂的活性下降，甚至失去调节功能。如三十烷醇水剂，在常温下(20℃～25℃)呈无色透明,若长时间在35℃以上的环境中贮藏,则易产生乳析致使变质。赤霉素晶体在低温、干燥的条件下可以保存较长时间,而在温度高于32℃以上时开始降解,随着温度的升高,降解的速度越来越快,甚至可丧失活性。赤霉素的粗制品制成乳剂较难保存,稳定性比结晶粉剂差。

在植物生长调节剂中,防落素、萘乙酸、矮壮素、调节膦等药剂吸湿性较强,在湿度较大的空气中易潮解,逐渐发生水解反应,使药剂质量变劣,甚至失效。制作成片剂、粉剂、可湿性粉剂、可溶性粉剂的植物生长调节剂,往往吸湿性也较强,特别是片剂和可溶性粉剂,如果包装破裂或贮藏不当,很易吸湿潮解,从而降低有效成分含量。如赤霉素片剂一旦发生潮解,必须立即使用,否则可失去调节功能。一些可湿性粉剂,吸潮后常引起结块,也会影响调节作用的效果。

光照对植物生长调节剂亦可带来不同程度的影响,因为日光中的紫外线可加速调节剂分解。如萘乙酸和吲哚乙酸都有遇光分解变质的特性。用棕色玻璃瓶包装的透光率为23%,绿色玻璃瓶的透光率为75%,无色玻璃瓶的透光率达90%。用棕色玻璃瓶可以减少日光对药剂的影响。贮藏植物生长调节剂的地方应防止阳光照射,避免日光对植物生长调节剂的不良影响,

存放植物生长调节剂的容器,也是影响药剂质量的一个重要方面。一些调节剂不能用金属容器存放,如乙烯利、防落素对金属有腐蚀作用,比久易与铜离子作用而变质。大多数农药与碱易反应,如赤霉素遇碱迅速失效。有些生长调节剂遇碱易分解,如乙烯利在 pH 值 4 以上时就可分解而释放乙烯。

植物生长调节剂由于其使用技术较为严格,保管要求也

较高,所以要做到专项保管,以免与其他杀虫剂、杀菌剂和除草剂混淆。有时,同一种植物生长调节剂有几种浓度规格,在贮藏时,除了注意药剂的名称之外,更应对有效成分含量作醒目的标记,以防在应用时由于弄错浓度而对作物造成不应有的损失。不同的植物生长调节剂在贮藏时应分开贮藏,特别是贮藏时间较长的更应如此。

植物生长调节剂应用深色的玻璃瓶装存或用深色的厚纸包装,放在不易被阳光直接照射的地方,或者放在木柜中。一般植物生长调节剂宜贮藏在 20℃ 以下的环境中,对于需要贮藏时间较长的原药及高浓度的母液,最宜放在阴凉环境中,有条件的也可放于专门存放化学药品的低温冰箱(不能将药品与食物同放在一个冰箱内,以防对人体造成不良影响或引起食物中毒)。

有些植物生长调节剂需要贮藏的时间较长,可以采取密封贮藏的方法,以防止发生化学反应。如采用磨口瓶贮藏或装瓶后用蜡封口,减少与空气接触,并置于阴凉、避光的地方。植物生长调节剂贮藏在相对湿度 75% 以下的环境中,为避免药剂受潮,在做好药剂本身防潮包装的基础上,选择干燥的场所贮藏。

目前在市场上销售的植物生长调节剂,厂方为了便于农户应用,多数是稀释后加工成粉剂、水剂、乳剂等形式进行销售。如 2,4-D 配制成含量为 1.5% 的水剂,赤霉素等配以辅料制成粉剂,乙烯利为含量 40% 的醇剂,矮壮素为含量 50% 的水剂等等,因此,这些植物生长调节剂的贮藏期不宜太长,一般在 2 年左右,有的甚至更短。所以必须注意其出厂日期和贮藏时间,对于超过 2 年以上的调节剂,在应用前必须先做田间试验或化验分析,观察是否失效,再确定是否用于生产。

通常由厂方稀释配制后的植物生长调节剂,经过一段较长时间的贮藏后,要经常认真检查药剂的质量变化,如药剂混浊、分层、沉淀或者色泽变化等,均应考虑变质的可能性。有的生长调节剂气味较大,如 2,4-D、防落素等均有很重的气味,即使贮藏 2~3 年其气味仍很浓重,对于这一类药品的质量不能仅用直观的气味来判别,有时虽然尚有气味,但实际上已经失效。

有些植物生长调节剂由于封装时消毒不严,或者使用了一部分后,将剩余部分贮藏起来,很易引起微生物污染,引起药剂变质。如目前市场上销售的复配型制剂在植物生长调节剂中加入了矿质元素或微量元素,也有的配以有机质如氨基酸之类,常因消毒不严或开瓶使用后引起微生物污染而失去生理活性。所以在使用植物生长调节剂之前一定要认真检查是否被微生物污染,若出现污染,应停止使用。

(8) 选用合格的植物生长调节剂　生产效果与经济效益的高低,决定于正确选用和合理使用生长调节剂。市场上植物生长调节剂的种类较多,为了避免伪劣药剂的危害,应该注意以下问题:购药前,首先弄清使用目的,即用植物生长调节剂解决什么问题。购药时,应在经过严格检验合格的单位如农资公司、供销社和农技部门购买。根据目的选购药剂,查看有无"三证",仔细阅读使用说明书,了解其主要作用、使用对象和使用方法,认清产品商标、生产厂家和出厂日期。切忌购买陈旧过期药剂和那些未经研究应用和毒性鉴定的无商标、未注册的产品。对于市场销售的新药剂或应用效果还有争议的药剂,不要盲目购买,更不宜大面积推广应用,以免造成不必要的浪费或不良作用,而应由农业技术部门进行多点试验,确定有效浓度与剂量后,并经示范验证确有效果,才可进一步推广应用。

不同年份、不同栽培措施和不同环境条件下,生长调节剂的效果有差异,这是使用效果受诸多因素制约的缘故。因此,必须正确选用药剂,合理使用,才能发挥其效果,提高经济效益。否则效果不稳定,甚至无效,有时还可能产生药害。

此外,还要严格按照有关规定施用,注意安全,防止污染,保护环境。

三、蔬菜应用植物生长调节剂的特点

1. 蔬菜的营养品质与生长发育特性

蔬菜主要是可以食用的 1~2 年生及多年生的草本植物,具有多汁的产品器官,如柔嫩的茎叶、未成熟或成熟的花、果、种子和已变态成为肥大的贮藏器官的肉质根、肉质茎、块茎、块根、鳞茎、球茎、根状茎等。这些变态器官不但形态解剖结构发生了很大的变化,在生理上也由原来的物质吸收、运输和光合等功能转变为物质贮藏功能。蔬菜也包括香椿、竹、枸杞等许多木本植物的嫩芽、嫩梢和嫩叶;蘑菇、香菇、猴头菇、草菇、木耳、紫菜、海带等菌、藻类植物的子实体或其他产品器官;还有黄豆、绿豆、豌豆、苜蓿、荞麦、香椿等许多作物的种子萌发的芽和幼苗;驯化和半驯化的野生蔬菜。根据统计,全世界的蔬菜种类大约有 860 多种,我国栽培的蔬菜约有 200 种,而普遍栽培的有六七十种;每种蔬菜都有许多品种,许多蔬菜还包括若干变种,每个变种又有许多生态类型和品种。所以,蔬菜是一类多种多样、丰富多彩的植物性食物。

经过长期的选择、驯化和培育,蔬菜已成为世界上栽培范围最广、栽培种类最多、栽培方式和方法最丰富的一类作物。

原产于发源地小范围的番茄、西瓜、大白菜、马铃薯、甘蓝、洋葱等蔬菜,已成为全世界人民最喜欢种植的食物,而且都已成为品种资源非常丰富的蔬菜类群。作为蔬菜重要起源地之一的中国,蔬菜栽培的历史可以追溯到 6 000 年前的仰韶文化时期,甲骨文中的园、圃就是当时栽培蔬菜的地方。远在南北朝成书的《齐民要术》、西汉成书的《氾胜之书》就已总结和记载了许多蔬菜作物的栽培技术。数千年来,我国培育了诸如章丘大葱、益都银瓜、北京心里美萝卜、福山包头大白菜、莱芜生姜、荔浦芋、兰州百合、四川榨菜、南湖无角菱、武汉紫菜薹、汉中雪韭等大量举世闻名的优良蔬菜品种;在种植蔬菜的生产实践中,总结和掌握了菜地土壤选择、改良,蔬菜作物的种植、耕作、排灌、施肥、调控、田间管理、病虫防治、采收、储藏和采种等系统的栽培技术和耕作制度。

蔬菜是人们每日每餐必不可少的食物,是人们日常获得维生素、矿质元素、碳水化合物及其他营养元素的重要来源。蔬菜中水溶性的维生素含量丰富,特别是维生素 C。绿叶蔬菜、辣椒、青花菜、豌豆苗、雪里蕻、落葵、芹菜叶、甘蓝、苦瓜等维生素 C 的含量特别丰富。蔬菜中脂溶性维生素的含量较少,但有些蔬菜类胡萝卜素的含量非常丰富,如胡萝卜、南瓜、甘薯、黄花菜、豌豆苗、苜蓿等蔬菜。薯蓣类蔬菜的淀粉含量高。豆类蔬菜,特别是毛豆中含有较多的蛋白质和氨基酸。新鲜蔬菜也是人们日常获得钾、钠、钙、铁等矿质元素的主要来源。纤维素能加速胆固醇的降解;大肠杆菌能利用纤维素合成泛酸、尼克酸、维生素 K 等人体必需的维生素;纤维素还能增加肠的蠕动能力,降低肠癌的发病率。人类每日必需的膳食纤维素,主要靠蔬菜提供。粮食、禽、鱼、肉、蛋和油脂都是酸性食物,蔬菜作为碱性食物,可以调节人体内食物的酸碱平衡。蔬菜还含有许多保健和食疗的有益成分,合理而科学的蔬菜搭配,可以治疗和减少许多疾病,增强体质并提高人体免疫功能。蔬菜是各类食物中品种花色最多,色、香、味、形、烹调花样最丰富的食物,因而有改善饮食结构,提高食物风味,增进食欲的作用。

蔬菜种类多,产量高,种植周期短,改变种类、品种结构容易;产品可鲜销、贮藏、加工;可内贸,也可外销,市场伸缩能力强,潜力大,经济效益丰厚,对增加广大农民的收入、改善农村经济和全面提高我国农业现代化水平都有重要意义。因此,在我国多次种植业结构调整中,都把种植蔬菜、改善蔬菜种植环境和优化蔬菜种植种类和品种的组合作为提高农业生产效益的重要途径。

蔬菜的加工品如酱菜、腌制菜、干菜是我国人民传统的佐餐食品,速冻菜、脱水菜、蔬菜罐头等是我国重要的出口产品,加上汁、泥、酱、沙司、烘片等蔬菜制品,使蔬菜成为我国重要的食品加工产业。近年来,随着我国国际贸易的发展,农产品结构的调整和产品质量的提高,保鲜、包装、采后处理、运输技术和能力的加强,鲜菜出口也大幅度增加。种类和品种繁多的蔬菜,含有多种生物化学成分,从中可以提取许多医药和化工的原料,或直接加工成产品。许多产量高的蔬菜还是畜牧业的优质饲料。

蔬菜的种类很多,因而生长发育的特性也各不相同。如起源于地中海沿岸的甘蓝,适合在相似于地中海冬季冷凉环境的季节生长,在更低的温度环境到来之前,形成保护生长点的叶球,抵御不良环境对其延续后代的威胁,待到气候温和、光照充足时,抽薹开花产生种子,完成世代交替。起源于近东地区的洋葱,适应这个地区冬季有少量积雪,春季融化仅能湿润浅层土壤的特点,形成了仅在湿润浅层土壤中分布的、不发达的弦线状根系和充分利用春季生长的特性,在高温干旱的夏季到来之前,形成和外界接触面积最小的、球形的、革质包被的鳞茎,抵御不良环境对其延续后代的威胁,一直等到第3年春季温暖和积雪融化的环境条件下,才抽薹开花产生种子,完成世代交替。和上述两种植物一样,每种蔬菜的生物学特性都是这种植物在起源和驯化地长期同化环境条件和自然选择而形成的,因而用植物生长调节剂调节蔬菜时,一定要考虑各种蔬菜特有的生育习性。

蔬菜栽培和调控必须在充分掌握各种蔬菜系统发育和个体发育特性的前提下,选择合适的栽培季节、自然环境或创造合适的人工环境,合理安排蔬菜作物的个体发育和产量形成过程。按照个体生长发育所经历时间的长短,可把蔬菜作物分为:①1年生蔬菜:播种当年开花结实,产生种子,如茄果类、瓜类和豆类。②2年生蔬菜:播种当年进行营养生长,形成叶球,如大白菜、甘蓝、肉质直根萝卜、胡萝卜等,经过一个冬季,到第2年抽薹开花产生种子。③多年生蔬菜:一次播种种子或营养体,可以采收多年,如黄花菜、芦笋等。

蔬菜的产量是由蔬菜作物可食用的产品器官构成的。蔬菜作物产品器官的形成是经过一系列发育过程实现的。蔬菜作物种类多,起源和驯化地环境复杂,食用器官多种多样,如根(萝卜、胡萝卜、甘薯等)、茎(竹笋、芦笋、球茎甘蓝、榨菜等)、叶(菠菜、苋菜、芹菜、蒜苗等)、花(黄花菜、朝鲜蓟等)、种子、种荚(毛豆、菜豆、豇豆等),以及由这些器官高度特化所产生的变态器官,如根菜类的肉质直根,薯蓣类的球茎、块茎、根状茎、块根;由叶鞘肥大而形成的洋葱、百合鳞茎;花椰菜的花球等,这些蔬菜的食用部分都是贮藏着大量营养物质的特化器官。许多叶菜类的产量形成没有明显的生长与分化的界限,如菠菜、苋菜、芹菜、蒜苗等;有叶球、球茎、块茎、根状茎、块根、花球、鳞茎等贮藏器官形成的蔬菜作物,则有明显的同化器官生长、贮藏器官分化和贮藏器官膨大的界限;茄果类、豆类的生长和器官分化相间进行;瓜类还有花器的性别分化。蔬菜的产量决定于各项栽培措施是否恰当地安排和控制了这些作物的发育过程。合理的种植密度、田间的群体结构、叶面积指数和包括间作、套种、复种、轮作在内的优良耕作制度都是提高蔬菜产量的基本要求,也是用植物生长调节剂调控蔬菜所必须注意的问题。

蔬菜的营养品质是指蔬菜产品器官中维生素、碳水化合物、蛋白质等各种营养成分的种类和含量。随着人们经济文化科学知识水平的提高,特别是营养学知识水平的提高,人们对蔬菜营养品质的要求也越来越重视。

营养品质是蔬菜重要的品质因素,但又是一个不直观的内在品质,而人们对蔬菜品质的评价,首先是对感官品质的评价,凭视觉、嗅觉、味觉、触觉等感官对蔬菜包括色泽、大小、形状、个体间的整齐度、质地、气味、风味、有无畸形、病疤、虫害、裂伤、污染、缺陷等外在感官品质的评价来确定蔬菜的等级。

蔬菜的品质除了品种原因外,还和气候、土壤、肥水管理、环境设施、耕作制度、病虫防治、采收的方法和采收时期、贮藏运输条件等密切相关。因而对蔬菜的调节控制必须在高产的同时保证品质不降低,否则就失去了调控的意义。

2. 环境条件对蔬菜生长发育的影响

蔬菜作物对温度的要求很复杂。按照对温度的不同要求,蔬菜可分为 5 类:①耐寒的多年生宿根类,如黄花菜、芦笋、茭白、韭菜、辣根等,夏季地上部抗热能力较强,冬季地上部枯死，以地下宿存的根茎越冬，能忍耐-10℃～-15℃的低温。②耐寒蔬菜，如大葱、大蒜、菠菜、乌塌菜、羽衣甘蓝等，能耐-1℃～-2℃的低温，短期可耐-5℃～-10℃的低温。③半耐寒蔬菜，如甘蓝类、白菜类、萝卜、胡萝卜、蚕豆、豌豆、芹菜、莴苣、荸荠、莲藕等，不能忍耐较长时间-1℃～-2℃的低温，长江以南均可露地越冬，华南冬季可露地生长，最适的同化温度是17℃～20℃，20℃以上同化减少，超过30℃同化产物几乎被呼吸所消耗。④喜温蔬菜，如黄瓜、菜豆、番茄、辣椒、茄子等，最适的同化温度是20℃～30℃，超过40℃生长几乎停止，15℃～10℃以下授粉不良，易发生落花。⑤耐热蔬菜，如冬瓜、南瓜、丝瓜、西瓜、甜瓜、豇豆等，在40℃高温下仍可生长，总是安排在当地温度最高的季节种植。

同一种蔬菜在不同发育时期对温度的要求也不一样。一般来说，种子发芽要求温度高，幼苗期要求温度低些，营养生长阶段比幼苗期要求高些，大白菜、甘蓝的结球期，花椰菜的花球形成期要求温度又要低些，但果菜类的结果期要求温度又要比营养生长阶段的高。每一种蔬菜的不同生长发育时期都有不同的温度要求，因而蔬菜的栽培和调节控制过程必须考虑温度因素。

限制蔬菜分布地区和栽培季节的主要因素是温度。因此，过低或过高的温度都会对蔬菜产生危害，寒害和冻害分别是冰点以上和冰点以下低温逆境对蔬菜作物的危害，轻则生长迟缓或停止，重则冻死。乌塌菜、羽衣甘蓝等蔬菜的细胞液浓度很高，结冰的温度很低，因此非常耐寒。低温还能引起茄果类蔬菜的畸形花果，影响瓜类蔬菜的雌雄花比例和果实发育。高温及强光引起作物剧烈蒸腾失水，进而导致原生质脱水和原生质蛋白质凝固；高温还引起落花、落果。

春化作用主要是指一段时间的低温对植物由营养生长转为生殖生长的诱导作用。白菜、萝卜、菠菜、莴苣等种子处在萌动状态,就能感受低温的诱导而通过春化阶段,称为种子春化型。如白菜在0℃~8℃都有春化效果,萝卜在5℃左右效果最好,处理时间10~30天;菜心、菜薹的栽培品种,春化5天就有效果。有些植物如甘蓝、洋葱、大蒜、大葱、芹菜等,要求植物长到一定大小,才能感受低温的诱导,通过春化阶段,称为绿体春化型。种子春化型的植物在幼苗时往往对低温更加敏感。植物必须通过春化阶段后,再通过光照阶段才能完成阶段发育,转入生殖生长。以花、果、种子及其附属部分为产品的蔬菜植物,要促进春化阶段的完成;以叶球、花球、肉质根、鳞茎为产品的蔬菜植物,要防止越冬及早春和晚秋的低温通过春化阶段引起先期抽薹而丧失商品价值。植物生长调节剂如赤霉素,对蔬菜的抽薹开花有很好的调控作用。

　　光照强度通过影响光合作用和温度影响作物的生长发育。按照对光照强度的要求不同,可以把蔬菜分为3大类:①要求较强光照的,如瓜类和茄果类的西瓜、甜瓜、南瓜、黄瓜、番茄、茄子,薯芋类的芋、豆薯等。我国西北、西南光照充足的地区,不但西瓜、甜瓜很甜,白菜、萝卜的含糖量也高,风味也浓。②要求中等光照的,如白菜类、根菜类和葱蒜类。③要求较弱光照的,如生姜和菠菜、莴苣、茼蒿、芹菜等绿叶菜类。南方冬、春季的保护地栽培,弱光往往是影响蔬菜生产的重要因素。

　　光周期是指日照长短的周期性变化对植物生长发育的影响。日照的长短与季节和纬度有关。每年6月22日夏至前后,阳光直射北回归线,北半球白昼最长,其后白昼渐短;到每年12月22日冬至前后,阳光直射南回归线,北半球白昼最短,其后白昼渐长。纬度越高,季节之间日照的长短相差越大,如哈尔滨冬季日长8~9小时,而夏季可达15.6小时,广州冬季日长10~11小时,而夏季为13.3小时。光周期对蔬菜生长发育的影响主要集中在两个方面:一是影响花芽分化和生殖生长。由此将植物分为如下几类:①长日照植物。在14小时以上或延长光照下促进开花,而在较短的光照下不开花或延迟开花。包括白菜类(大白菜和白菜)、甘蓝类(甘蓝、球茎甘蓝、花椰菜等)、芥菜类、萝卜、胡萝卜、芹菜、菠菜、莴苣、蚕豆、豌豆、大葱和大蒜等蔬菜,都在春季长日照下抽薹开花。②短日照植物。在12~14小时较短的光照或缩短光照下促进开花结实,而在较长的光照下不开花或延迟开花。如扁豆、刀豆、茼蒿、苋菜、蕹菜、毛豆的晚熟品种等,大都在秋季短日照下开花结实。③中日性植物。开花结果对日长的选择不严。菜豆、黄瓜、番茄、辣椒、茄子等在理论上属于短日照的蔬菜及毛豆的早熟品种,适应日照长短变化的范围很大,称为中日性植物,只要温度适合,春季、秋季和保护环境中都能开花结实。同种而不同品种和生态类型之间,在光周期反应上可以有很大的不同。二是影响蔬菜产品器官的形成。马铃薯、菊芋的块茎,甘薯的块根,芋、荸荠、慈姑的球茎的形成要求较短的日照,但其中的早熟品种对日照长短的要求不严;洋葱、大蒜的鳞茎形成则要求较长的日照。北方的长日型洋葱品种,引种到南方,由于不会遇到要求的日长,叶丛生长茂盛不形成鳞茎;反之南方的短日型洋葱品种引种到北方,由于很容易遇到要求的日长,植株来不及充分生长就形成很小的鳞茎。

大气中的氧气和二氧化碳,通过影响呼吸和光合作用而影响蔬菜作物的生长发育,密闭的设施中增加二氧化碳的浓度,可以增强光合作用,增加蔬菜产量。工矿区放出的二氧化硫、氨气、氯、氟化氢等有毒气体,因浓度不同会对植物产生不同程度的危害。一氧化碳和乙烯影响瓜类蔬菜花的雌雄分化。

土壤的种类、肥力、降水和水利资源是影响蔬菜产量和品质的重要因素。而土壤和水源污染不仅影响蔬菜作物的生长发育,还影响蔬菜品质,危害人类的健康。必须尽量使用经过充分腐熟的有机肥料,保持土壤肥力、良好的质地和结构,严格执行保证蔬菜品质和食用安全的各项法规。

3. 植物生长调节剂在蔬菜生产中的应用

近年来,蔬菜生产有了长足的发展,在品种方面早、中、晚熟性的品种配套,能适应四季栽培;在栽培方式上各种类型的保护地栽培和露地栽培并重,基本上做到了四季生产,周年供应。特别是地膜覆盖及中、小棚大面积推广,日光温室在我国迅速发展,对中国北方喜温果菜类的供应起着重大作用,基本解决了冬季品种单一的矛盾。利用植物生长调节剂防止器官脱落、打破休眠、控制徒长、促进成熟、提高坐果率以及嫁接育苗、保鲜贮藏等已成为蔬菜生产的重要措施。

细胞分裂素、丁酰肼、矮壮素、萘乙酸等常用于蔬菜保鲜贮存,但不同种类和品种的蔬菜,具有不同的遗传特性,由此决定了它们不同的新陈代谢方式和强度,表现出不同的品质特征和生长特性,因而在植物生长调节剂的施用上也各有特点。如叶菜类富含多种维生素,但体表面积大,代谢旺盛;块茎、球茎等类蔬菜,有一个生理上的休眠阶段。又如菠菜以尖叶有刺品种耐寒,适宜冻藏;圆叶品种叶肉厚,丰产,但耐寒性差,不耐贮藏;圆叶与尖叶杂交品种既耐寒又丰产,是耐藏的优良品种。

蔬菜生理性状与耐贮性的关系极为密切,其中成熟度是蔬菜生理性状的主要标志。因而常据需要用乙烯释放剂或抑制剂来调节蔬菜的成熟度。成熟过度或成熟不足的蔬菜不耐贮存,因为过熟的蔬菜已处于生理衰老状态,贮藏器官的贮存特质已经消耗;而不到成熟期的幼嫩蔬菜,其中的内容物不充足。各种蔬菜的成熟度常以风味品质的优劣作为采收的首要依据。对某些果菜类如茄子、黄瓜等,是按开花后的天数作为采收标准的,过早采收果嫩,营养与风味淡薄,易萎蔫;而过晚采收,皮厚籽老风味差,贮藏时易老化。植物生长调节剂赤霉素、助壮素等可用于调节生长速度,以确定最佳的采收时间。

生长在不同纬度及海拔高度的同一种蔬菜,由于温度、雨量、光照等气候条件的差异,其结构、成分、生理特性也随之改变。蔬菜对温度的要求范围,与原产地及其整个系统发育过程中形成的生物学特性有关。温度高,生长快,产品组织柔嫩,可溶性固形物含量低。昼夜温差大,生长发育良好,可溶性固形物含量高。不同季节的气温差异,也会使产品特性发生变化。不同年份气温条件不同,影响产品的组织结构和成分的变化,也是影响蔬菜生长发育的重要原因。

空气湿度和雨水对蔬菜成分和组织结构有很大影响。高湿多雨,会使番茄干物质含量减少;空气潮湿,特别是接近采收季节阴凉多雨时,常使西瓜含糖量降低,缺乏应有的色泽风味和香气。在一定生长阶段降雨过少,常会影响某种矿质元素的吸收,导致缺素病症。降雨多少还关系到土壤水分、土壤酸碱度(pH值)以及土壤中可溶性盐类的含量,从而也影响蔬菜的化学组成与品质。一些植物生长调节剂可以用于提高蔬菜对温湿度变化的抵抗力。

采前喷洒一些植物生长调节剂、杀菌剂或其他矿质营养元素,是栽培上改进蔬菜品质,增强耐藏力,防止某些生理病害和真菌病害的辅助措施之一。常用的植物生长调节剂如萘乙酸和二氯苯氧乙酸,高浓度对植物生长起抑制作用,低浓度则有促进作用;比久(B_9)和矮壮素(CCC)是生长抑制剂;赤霉素(GA)促进植物细胞分裂和伸长;乙烯和乙烯利促进果实成熟等。

与其他农业种植学科相比,蔬菜种类繁多,食用器官多样。据粗略统计,目前我国栽培的蔬菜种类(包括种、亚种及变种)共有210种,隶属于32个科。而且食用器官多样化,可食用嫩叶(菠菜、油菜等)、叶球(如大白菜、甘蓝、结球莴苣等)、嫩茎(如莴笋、菜薹、茎用芥菜等)、块茎(如马铃薯、山药等)、球茎(如芋、荸荠等)、鳞茎(如大蒜、洋葱等)、根状茎(如生姜、草石蚕等)、肉质根(如萝卜、胡萝卜、芜菁等)、新鲜的果实(如瓜类、茄果类、荚果类等)、花和花球(如金针菜、花椰菜等)。食用器官的多样化要求较高而复杂的栽培技术,因而对植物生长调节剂控制的时期、部位、方式等都提出了不同的要求。

由于蔬菜生长快、产量高,要求产品鲜嫩,加之各种蔬菜生长习性的差异,这就要求菜园土壤肥沃、疏松透气、保肥保水。要有充足的水源并实行精耕细作,如做畦、起垄、支架、绑蔓、整枝、打杈、摘心、疏花疏果与保花保果等技术。许多植物生长调节剂就用于保花保果。如防落素、6-BA(6-苄基氨基嘌呤)、萘乙酸用于黄瓜保花保果;2,4-D、赤霉素、防落素用于茄子的保花保果等。

育苗移栽,这是集约化蔬菜栽培的主要特点之一。除个别蔬菜外,绝大多数蔬菜均需育苗。其优点:一是苗期集中,便于管理;二是可在不适宜蔬菜生长的季节,利用设施创造适

宜的环境条件进行育苗,等大田环境条件适宜时再定植,增加
了露地栽培的适宜生育时间,这不但可以提前上市,还可提高
产量和经济效益。吲哚乙酸、萘乙酸、矮壮素等常用于培育壮
苗,提高移栽苗的发根力。

保护地栽培也是蔬菜栽培的特点之一。保护地的设施有
地膜、塑料棚(大、中、小)、温室、软化栽培场地、遮阳网等。保
护地栽培一方面可以四季生长,使蔬菜周年、均衡供应,丰富
人们淡季的菜篮子,另一方面可以增加菜农的经济收入。用
植物生长调节剂三十烷醇、芸苔素内酯、喷施宝、石油助长剂
等来调控保护地蔬菜生长,也有许多成功的例子。

此外,用乙烯利、草甘膦等有利于番茄、马铃薯催熟和茎
叶的干燥;用青鲜素、细胞分裂素等可抑制叶菜、根菜类的抽
薹;用赤霉素可促进胡萝卜、菠菜、甘蓝等的花芽分化和抽薹;
用乙烯利、吲哚乙酸、矮壮素、激动素等可调控瓜类的性别。
植物生长调节剂在蔬菜中的应用十分广泛,效果明显。

第二章　植物生长调节剂在
瓜类生产中的应用

瓜类属1年生或多年生攀缘草本植物,包括黄瓜、甜瓜、
菜瓜、冬瓜、南瓜、西葫芦、西瓜、丝瓜、苦瓜、瓠瓜等,都以果实
作食用器官,是全世界包括中国的主要蔬菜作物,在生产和消
费上占有重要位置。

瓜类果实中,甜瓜、西瓜和南瓜的碳水化合物含量高。苦
瓜、丝瓜的蛋白质含量高,碳水化合物含量较高。苦瓜还含有
较多的粗纤维,其抗坏血酸含量最高。冬瓜、丝瓜、瓠瓜、苦

瓜、西瓜、南瓜等都有药用功效,是保健蔬菜。

瓜类的多数种类为攀缘性植物,其生育周期分为种子发芽、幼苗、抽蔓和开花结果等生长期。种子萌动至子叶展开,第1片真叶刚露出种子为发芽期;子叶展开至第5～6片真叶展开,卷须抽出为幼苗期;至植株现蕾为抽蔓期;现蕾至果实采收结束或果实生理成熟为开花结果期。一般在幼苗期开始花芽分化。花芽最初带有雌雄两性的原基,其后雄性原基继续发育而雌性原基停止发育便成为雄花,雌性原基继续发育而雄性原基停止发育则成为雌花,雌雄原基都正常发育便成为两性花。瓜类的不同种类及其品种,雌雄性别的分化各有特点,是遗传基因的表现,也受环境条件影响。瓜类的性型有多种,主要有雌性雄性同株和两性雄性同株两种。多数种类属于前者。对于雌雄同株异花植物,在花芽开始分化时是中性花,以后根据雌雄蕊发育状况才决定花的性别的瓜类,可以促进其雌花的形成,从而提高早期产量。

瓜类喜温耐热,怕寒冷,生长适温20℃～30℃,15℃左右生长缓慢或生长不良,10℃以下引起生理障碍以致受害。稍低温度有诱导雌性作用。瓜类中以甜瓜、西瓜和南瓜最耐热,且适宜高温干燥气候;冬瓜、丝瓜、苦瓜、瓠瓜、黄瓜等,比较适于炎热湿润的气候;西葫芦既不耐热也不耐寒。瓜类属短日照植物,对日照长短的反应因种类与品种而异,在苗期有短日照,特别是低温短日照,可提早花芽分化及雌性发育。

瓜类的生长期较长,根的再生能力较强,直播或育苗移栽均可。为了争取季节,延长生长期,提高产量,宜采用育苗移栽。由于根系强大,茎叶多,果实需水需肥多,应选择耕作层较深厚、有机质丰富、保水排水力强的土壤。

瓜类有采收嫩果为食的,如黄瓜、丝瓜、苦瓜、西葫芦等;

其他种类如西瓜、甜瓜、冬瓜、南瓜等则采收成熟果实供食用。冬瓜和南瓜的嫩果也可食用。根据瓜类的茎蔓生长习性和雌花发生规律,都有多次坐果的可能。但采收成熟果实的一般不宜或难以多次坐果;采收嫩果的,则争取多次坐果,以提高产量。

瓜类苗期花芽分化以后,就开始生殖生长,以后生殖生长和营养生长同时进行,营养生长是生殖生长的基础,两者互相影响,互相制约,栽培上应处理好两者的关系。

一、黄　瓜

1. 芸苔素内酯浸种培育黄瓜壮苗

使用方法　用 0.05 毫克/升芸苔素内酯浸泡黄瓜种子 24 小时。

效果　经处理,促进黄瓜种子早出苗、出齐苗、出壮苗,增加芽和幼苗的抗性。

2. 三十烷醇浸种促进黄瓜壮苗

使用方法　用 1 毫克/升三十烷醇药液浸泡黄瓜种子 24 小时。

效果　经处理,可使黄瓜种子发芽快、根系发达、苗壮、结果早、果形正,增加芽和幼苗的抗性。

3. 爱多收浸种促进黄瓜种子长出壮苗

使用方法　以爱多收 600 倍液浸泡黄瓜种子 12 小时。

效果　可使种子发芽快、根系发达、苗壮、结果早、果形正,增加芽和幼苗的抗性。

4. 尿囊素浸种提高黄瓜种子活力

使用方法　用尿囊素 100 毫克/升溶液浸黄瓜种子 6 小

时。

效果　经处理,可提高黄瓜种子发芽率及发芽势。

5．ABT 4 号增产灵浸种促进黄瓜生长

使用方法　用 100 毫克/升 ABT 4 号增产灵溶液浸黄瓜种子 8 小时。

效果　浸种的黄瓜幼苗生长快,提高抗旱性,增加产量。

6．萘乙酸浸蘸促进黄瓜扦插生根

使用方法　剪取侧蔓,每段 2～3 节,将基部用 2 000 毫克/升萘乙酸快速浸蘸约 5 秒钟,并立即进行扦插。

效果　经处理后,有促进生根的效果,每株扦插苗的生根数增加。

7．三十烷醇喷洒提高黄瓜产量

使用方法　用 0.1～0.5 毫克/升三十烷醇在苗期淋灌 1次,初花期喷施叶面 1 次;或用 0.02 毫克/升的三十烷醇溶液涂抹幼瓜瓜柄;或在结瓜中期用 0.5 毫克/升药液喷施叶面。

效果　以上不同时期的处理,均可增加植株干重,开花提早而集中,致使黄瓜早熟和增产。

8．芸苔素内酯喷洒提高黄瓜产量

用 0.01 毫克/升芸苔素内酯喷洒黄瓜,幼苗生长速度较对照提高 20％,单株结瓜数比对照提高 22％,产量统计结果增加 30％。

9．芸苔素内酯、抗蒸腾剂处理提高黄瓜产量

使用方法　用 0.1～1 毫克/升芸苔素内酯或抗蒸腾剂(OED)溶液在黄瓜苗期、生长期、结果期各喷洒 1～3 次。

效果　可明显提高黄瓜产量。

10．赤霉素处理诱导黄瓜雄花增多

使用方法　在黄瓜幼苗期,用 50 毫克/升赤霉素进行叶面喷洒。

效果　抑制雌花发育,促进雄花发生。若赤霉素浓度由50毫克/升逐渐增加到1 500毫克/升,诱导的雄花数愈多,雌花数愈少。

11.乙烯利诱导增加黄瓜雌花数

用量　以100～200毫克/升浓度为宜。

使用时期　黄瓜幼苗1～3片真叶时为适宜用药期。

使用方法　在黄瓜幼苗叶片上均匀地喷洒药液,一般1次即可,也可用药2次,即在第1次用药后1周再喷第2次。

效果　乙烯利处理黄瓜后,能大大增加雌花数,从而提高黄瓜产量。

12.增瓜灵喷洒增加黄瓜雌花数

使用方法　在黄瓜长到2～3片真叶时,用400倍增瓜灵溶液(15克加水6升)进行叶面喷施,6～10片叶再喷1次效果更好。

效果　经处理,可促进黄瓜增加雌花数,又可提供相应营养物质。

13.萘乙酸、吲哚乙酸处理增加黄瓜雌花数

使用方法　在黄瓜1～3片真叶时,用10毫克/升萘乙酸溶液或500毫克/升吲哚乙酸溶液进行喷施。

效果　经处理,可诱导黄瓜产生更多雌花。

14.青鲜素处理增加黄瓜雌花数

使用方法　用250～300毫克/升青鲜素溶液于黄瓜1片真叶和4～5片真叶时各喷施1次。

效果　经处理,可起到增加黄瓜雌花数,减少雄花数的作用。

15．比久喷洒培育黄瓜壮苗

使用方法　在黄瓜 3～5 片真叶时,用 1 000～2 000毫克/升比久溶液进行叶面喷洒,每株喷 40 毫克,先喷 10 毫克,隔 10～15 天后每株再喷 30 毫克。

效果　可防止黄瓜茎的过度伸长,提高幼苗素质,培育壮苗。

16．细胞分裂素喷洒促进黄瓜抗病增产

使用方法　在黄瓜定植后用细胞分裂素粉剂 400～500倍液喷洒,每 667 平方米喷 30～40 升,以后每隔 7～10 天喷施 1 次,共喷 3～4 次。

效果　施药后植株枯萎病病情指数比对照减轻44.1%～13.4%,霜霉病减轻 13.1%～4.2%,产量增加 7.5%～21%。

17．助壮素处理促进黄瓜坐果

使用方法　大棚温室黄瓜在 7～8 片叶时,用 100～150毫克/升的助壮素溶液喷施 1～2 次。

效果　可矮化植株,促进坐果,提高叶片光合能力,还可提高产量。

18．矮壮素喷洒促进黄瓜坐果

使用方法　在黄瓜生长到 14～15 片叶时,用 50～100 毫克/升矮壮素药液全株喷洒 1 次。

效果　可促进黄瓜坐果,增加产量。

19．矮壮素土壤浇灌培育黄瓜壮苗

使用方法　对无限生长类型的黄瓜品种,用矮壮素250～500 毫克/升进行土壤浇灌,每株用量 100～200 毫升。

效果　处理后 5～6 天,茎的生长减缓,叶片深绿,植株变矮,其药效可维持 20～30 天。以后又恢复正常生长,茎的生

长减缓和叶片加厚,有利于开花结果,也增加了植株的抗寒、抗旱能力。

20. 萘乙酸羊毛脂处理诱导黄瓜无籽果实

使用方法 黄瓜开花时,用1%、2.5%、5%的萘乙酸羊毛脂处理黄瓜雌花。

效果 经处理,能获得黄瓜无籽果实。

21. 细胞分裂素加赤霉素促进黄瓜果实生长

使用方法 在黄瓜开花2～3天后,喷洒500～1 000毫克/升细胞分裂素加100～500毫克/升赤霉素。

效果 可连续刺激果实生长,效果非常显著。尤其对因光照不足而导致花粉败育的更为有效。

22. 6-BA 处理防止黄瓜化瓜

使用方法 正在生长的黄瓜由于果实发育不良或外界环境条件不良,往往会停止生长,并由先端逐渐变黄而枯萎,这个现象叫黄瓜化瓜。用50～100毫克/升 6-BA 于黄瓜开花前后喷施雌花子房柱头。

效果 可防止黄瓜化瓜,促进坐果。

23. 防落素喷洒提高黄瓜坐果率

使用方法 用20～30毫克/升防落素溶液于黄瓜开花前后喷施雌花子房柱头。

效果 可防止黄瓜化瓜,提高坐果率。

24. 噻唑隆处理促进黄瓜坐果

使用方法 用2毫克/升噻唑隆药液喷洒即将开放的雌花花托。

效果 促进坐果,增加单果重。

注意事项 要求处理后24小时内无雨水。

25. 芸苔素内酯处理提高黄瓜产量

用量 将每袋 2 克芸苔素内酯药物用 0.2 升温水（50℃～60℃）溶解，再倒入冷水 15～20 升，搅匀。

使用方法 在黄瓜生长期、开花期进行喷施。

效果 植株健壮，开花结果多且早，防霜霉病，增产10%～18%。

26. 诱抗素处理增强黄瓜素质

用量 每袋 15 毫升诱抗素，对水 15～30 升。

使用方法 在黄瓜幼苗移栽前 3 天和移栽后 3～5 天喷施；在开花前 2 天再喷施 1 次。

效果 经处理，移栽苗返青快，可增强素质，提高移栽成活率；提高幼苗抗低温、抗干旱能力，保障在逆境条件下正常生长；促进花芽分化，提高坐果率，提早成熟上市。

注意事项 在阴天或傍晚喷施，喷施后 4 小时内下雨应补喷 1 次。

27. 绿兴植物生长剂喷洒提高黄瓜坐果率

使用方法 用 10% 绿兴植物生长剂 1 000 倍液于黄瓜开花初期喷施叶面 1～2 次。

效果 可防止黄瓜化瓜，促进坐果。

28. 石油助长剂与芸苔素内酯喷施提高黄瓜坐果率

使用方法 用 0.05%～0.1% 石油助长剂溶液于黄瓜开花期喷施叶面，或用 0.01～0.1 毫克/升芸苔素内酯溶液于初花期喷施叶面 1～2 次。

效果 可防止黄瓜化瓜，提高坐果率。

29. 坐果灵处理促进黄瓜坐果

使用方法 用 0.1% 高效坐果灵水剂在雌花开放当天或第 2 天浸瓜胎 1 次（10 毫升加水 0.5 升），或用微型喷雾器喷雌花柱头。

效果　经处理,可促进黄瓜坐果。

30. 三碘苯甲酸或整形素处理促进黄瓜坐果

使用方法　用 50～100 毫克/升三碘苯甲酸或 50～150 毫克/升整形素溶液于黄瓜开花期进行喷洒。

效果　经处理,可促进黄瓜坐果。

31. 赤霉素处理促进黄瓜生长

使用方法　黄瓜在开花时以 20 毫克/升赤霉素溶液浸花或喷施。

效果　可明显促进瓜的生长速度。

32. 矮丰灵处理防止黄瓜徒长

使用方法　用矮丰灵于黄瓜开花期每 667 平方米用 0.5～1.5 千克,结合基肥混匀撒在两行苗间沟内,及时盖土。

效果　可有效防止徒长,增强光合作用。促进坐果,提高产量。

33. 助壮素喷洒增加黄瓜产量

使用方法　在黄瓜花期用 100～120 毫克/升助壮素水溶液进行喷洒。

效果　经处理,可达到增产防病的目的。

注意事项　用药后要加强田间的肥水管理,否则使用效果可能不明显。

34. 增产灵处理增加黄瓜产量

使用方法　用 5～10 毫克/升增产灵溶液点涂黄瓜幼果。

效果　经处理,可促进黄瓜生长,提高坐果率,增加产量。

注意事项　喷施时要尽量避开烈日,施药后 6 小时内遇雨应补施。

35．喷施宝处理增加黄瓜产量

使用方法　在黄瓜结瓜期用 100～200 毫克/升喷施宝药液喷洒 2～3 次,间隔期 10～15 天。

效果　可增加黄瓜早期产量和总产量,主要是促进雌花的分化,提高坐果率,增加瓜采收量,而对单瓜重影响不大。

36．甲壳胺水剂处理提高黄瓜产量

使用方法　用 2%甲壳胺水剂 600～800 倍溶液(25～33.3 毫克/升)对黄瓜进行喷施。

效果　可增加黄瓜产量,提高其抗病能力。

37．黄核合剂处理提高黄瓜产量

使用方法　用黄核合剂(黄腐酸、核苷酸)3.25%水剂400～600 倍液喷洒黄瓜几次。

效果　可增加黄瓜重量,从而提高单位面积产量。

38．叶面宝处理提高黄瓜产量

使用方法　在黄瓜中果期,每 667 平方米用 5 毫升叶面宝加水 40～50 升,均匀喷洒黄瓜茎叶。

效果　经处理,能促进黄瓜生长,改善品质,提高产量。

注意事项　一般应在晴天下午 3 时后喷洒,喷后 6 小时内遇雨应补喷。

39．赤霉素处理防止黄瓜幼果脱落

使用方法　在黄瓜瓜条长到 10～13 厘米时,用 30～50 毫克/升赤霉素喷洒幼果 2～3 次。

效果　经赤霉素喷洒,可防止黄瓜幼果脱落,促进果实生长。

注意事项　留种田不能使用。

40．6-BA 处理延缓黄瓜衰老

使用方法　在黄瓜采收后用 10～30 毫克/升 6-BA 溶液

喷果。

效果 可延缓黄瓜衰老,延长贮存时间。

41. 2,4-D、赤霉素处理延长黄瓜贮存期

使用方法 在黄瓜采收后用 10~100 毫克/升 2,4-D 或 10~50 毫克/升赤霉素喷果。

效果 均有保绿及延长黄瓜贮存时间的作用。

42. 应用乙烯利控制黄瓜性别

使用方法 在黄瓜苗长至 4 片真叶伸展时,用浓度为 150 毫克/升乙烯利喷施瓜苗,可诱导雌花形成。

效果 黄瓜经乙烯利处理后,能诱导雌花的形成,抑制雄花的产生,有利于增产,特别是对于夏、秋季栽培的黄瓜效果更佳。将杭州青皮和杭州小黄瓜及烟台八大叉 3 个不同类型的黄瓜品种用乙烯利处理,均可促进主蔓形成雌花,这项技术在处理秋黄瓜时效果更为明显。

注意事项 ①乙烯利诱导黄瓜产生雌花,对早熟黄瓜品种不宜使用,因为早熟品种雌花出现早,雌花数亦多,乙烯利的诱导效应不显著。②使用时要掌握喷洒时期和使用浓度,防止用药过度引起植株矮小,果实变小,品质下降。

43. 黄瓜制种应用乙烯利杀雄

使用方法 选择较好的黄瓜母本品种,在黄瓜第 1 片真叶初展后开始,用乙烯利 250 毫克/升溶液喷施黄瓜全株茎叶,以后根据育苗条件和生长速度,每 3~5 天喷施 1 次,共处理 2~4 次。

效果 根据乙烯利诱导雌花产生的原理,采用较高浓度的乙烯利杀雄,可简化黄瓜制种手续。乙烯利处理母本黄瓜植株和生长点,可显著地降低雌花的着生部位和防止雄花产生。处理后用父本花粉作人工授粉,即可正常结籽,种子发育

正常,符合制种要求。

注意事项　①黄瓜母本经乙烯利杀雄后,要经常检查母本植株上是否产生雄花,并适时人工去雄。②用人工授粉的杂交黄瓜,要选择生长正常的黄瓜留种瓜,去除弱幼瓜,提高制种质量。

44. 黄瓜制种使用赤霉素诱导产生雌花

使用方法　根据瓜苗大小对雄花出现节位的关系,一般在瓜苗2～3叶期用赤霉素1 000毫克/升处理瓜苗,即可在第10～12节位出现雄花。并在第5～6叶期进行摘心,再用赤霉素处理,使侧枝上的第3～5叶出现雌花,这样可以保持较高的雌花率。

效果　为了达到保持原种的目的,采取化学诱导的方法来保存全雌系原种。

注意事项　①由于苗期应用赤霉素,对植株的生长有抑制作用,在保种上,为了使花期相遇,凡喷施赤霉素的植株需提前播种,一般春季需提前15～20天播种,夏季需提前7～10天播种。②用赤霉素处理瓜苗的时间不宜偏迟,如4叶期使用,雌花节位出现在14～16节上,使前期雄花增多。

45. 施用芸苔素内酯促进黄瓜增产

使用方法　①浸种法:可用浓度为0.05毫克/升芸苔素内酯溶液,浸后播种。②叶面喷施法:在苗期或大田期,用芸苔素内酯0.01～0.05毫克/升水溶液,每667平方米喷施25～50升。在大田期第一次喷施后,每隔7～10天喷1次,一般喷2～3次即可。

效果　可提高黄瓜发芽势和发芽率,增加植株抗寒性,同时使第1雌花节位下降,花期提前,坐果率提高,产量增加,品质改善,蛋白质、氨基酸、维生素C均有所增加,并使植株衰老延缓。坐果率提高 16.9% ～ 23.4%，增加产量 20% ～ 25%。用作浸根或叶面喷施后，对瓜苗在低于 10℃ 的临界温度下，其叶面积、株高、根部干重及总根长均增加，并可减轻低温下植株叶黄化症状。

注意事项 ①由于芸苔素内酯用量极少，必须准确配好浓度，可配制母液后再稀释，以免浓度过高，引起植株生长过快，造成茎端幼芽节间裂。②可与酸性农药混合施用，但忌与碱性农药混用。③施用芸苔素内酯后，更要加强肥水管理，以充分发挥作物增产的潜力。

二、西 瓜

1. 三十烷醇浸种提高西瓜种子发芽率

使用方法 用 0.1% 三十烷醇乳剂稀释成浓度为 0.5 毫克/升的药液浸泡西瓜种子 6 小时。

效果 可提高西瓜种子发芽率和幼苗素质，或在育苗过程中于 5 片真叶时再喷 1 次，效果更佳。

2. 生根剂浸种促进西瓜种子发芽

使用方法 用 10～25 毫克/升生根剂(吲哚丁酸加萘乙酸)溶液浸西瓜种子 1 小时。

效果 能促进西瓜早发芽，进而促进幼苗健壮，增加产量，改善品质。

3. 增产菌处理提高西瓜产量

使用方法 用 100 克增产菌拌 1 000 克西瓜种子，或每 667 平方米用 50～100 克增产菌加水 50 升后的水溶液进行叶面喷施。

效果 可促进植株生长发育，增强抗逆性，提高产量和品质。

4．ABT增产灵喷洒提高西瓜产量

使用方法　用10毫克/升ABT增产灵溶液于西瓜苗移栽前2天对秧苗喷雾1次,坐果期喷雾1次。

效果　经处理,可加速幼苗生长,提高抗旱性,增加产量。

注意事项　对瓜秧喷雾以阴天效果为好。

5．生根剂处理培育西瓜壮苗

使用方法　在西瓜幼苗移栽前3天,以10～15毫克/升生根剂(吲哚丁酸＋萘乙酸按3:2配成的复合剂)灌根、淋苗或喷叶。

效果　经处理,都有良好的促长、壮苗作用。

6．芸苔素内酯喷施培育西瓜壮苗

使用方法　在西瓜苗期,用0.01毫克/升的芸苔素内酯乳油进行喷施,每667平方米用药40升。

效果　可促进西瓜苗生长健壮。

7．多效唑处理防止西瓜徒长

使用方法　育苗时可对西瓜子叶喷50～100毫克/升多效唑药液;或在伸蔓至60厘米左右,对生长过旺植株用200～500毫克/升的多效唑药液全株喷洒,每次相隔10天,共喷2～3次。

效果　育苗时使用可防止出真叶前徒长;旺长时可控制蔓长,提高坐瓜率。

注意事项　多效唑在土壤中残效期长,对下茬作物不利,应慎重使用。

8．绿兴植物生长剂处理减轻西瓜病害

使用方法　在西瓜苗期,用10%绿兴植物生长剂1 000倍液进行叶面喷施1～2次。

效果　可明显减轻西瓜猝倒病和炭疽病,并能显著地促进根系生长及加强吸收活性,增强抗寒、抗旱能力,叶片肥厚有光泽。

9. 赤霉素喷洒防止西瓜僵苗

使用方法　在西瓜早熟栽培中,用 50~100 毫克/升赤霉素药液对西瓜苗进行喷施。

效果　3~5 天后可明显地促进瓜苗根系和茎叶的生长,表现为节间伸长,叶片增大,单位面积叶绿素含量下降,叶色变浅。

10. 尿囊素喷洒促进西瓜坐果

使用方法　用 100~400 毫克/升尿囊素药液对西瓜叶面喷施,每隔 5~9 天喷 1 次,共喷 3~4 次。

效果　可促进西瓜坐果。

11. 细胞分裂素处理提高西瓜坐果率

使用方法　从西瓜瓜蔓长到 7~8 节时开始,用 600~800 毫克/升细胞分裂素溶液进行叶面喷洒,每隔 7~12 天喷 1 次,共喷 3~4 次。

效果　可使坐瓜率提高 19.5%,含糖量提高 $0.5°~2°$,增产 28.6%,并具有减轻病害、促进早熟等功效。

12. 2,4-D 喷花防止西瓜化瓜

使用方法　用 15~25 毫克/升 2,4-D 于西瓜花半开时喷花。

效果　经 2,4-D 喷花,可防止西瓜化瓜,并可促进西瓜生长。

注意事项　高温时使用浓度不能偏高,以免产生药害;采种田不要使用。

13. 6-BA 涂抹促进西瓜坐果

使用方法 在西瓜开花当日(受精),用 95% 6-BA 粉剂的 1%药液 1 毫升涂 100 个果的果柄,或用 200～500 毫克/升 6-BA 药液于开花前后 1～2 天涂花梗。

效果 防止西瓜落果,促进坐果。

14. 2,4-D 处理促进西瓜坐果

使用方法 在西瓜开花当天,人工辅助授粉后,用 0.2 毫克/升的 2,4-D 药液喷施整个雌花花器。

效果 促进西瓜坐果,防止落果。

注意事项 药液浓度超过 25 毫克/升,会引起药害。

15. 防落素喷花促进西瓜坐果

使用方法 在西瓜开花后 1～2 天,用 20～30 毫克/升防落素药液喷花,每 667 平方米用药 30 升。

效果 可促进西瓜坐果,防止化瓜。

16. 氯吡脲处理促进西瓜坐果

使用方法 在西瓜开雌花当天或前后 1 天,用 2～20 毫克/升氯吡脲药液浸瓜胎或用微型喷雾器均匀喷瓜胎。

效果 可防止西瓜生长势过旺和无昆虫授粉引起的难坐瓜和化瓜现象。

注意事项 喷瓜时不可重复过量喷施,否则会造成裂果,甚至造成枯秧死亡。

17. 异戊烯腺嘌呤处理促进西瓜健壮

使用方法 在西瓜开花始期,用 600 倍 0.0001%异戊烯腺嘌呤可湿性粉剂药液喷茎叶,每 667 平方米用药液 35～45 升,每隔 10 天处理 1 次,重复 3 次。

效果 使西瓜藤势早期健壮,中后期不衰,使枯萎病、炭疽病等减轻,而且使产量和含糖量增加。

18. 绿兴植物生长剂喷施提高西瓜产量

使用方法 在西瓜开花初期、坐果期、膨果期各喷施含10%绿兴植物生长剂1 000倍液。

效果 可显著提高西瓜产量,品质好,提高含糖量,早熟4~7天。

19. 助壮素喷洒增加西瓜产量

使用方法 在西瓜花期,用100~120毫克/升助壮素的水溶液进行喷洒。

效果 经处理,可达到增产防病的目的。

注意事项 用药后要加强田间的肥水管理,否则使用效果可能不明显。

20. 萘乙酸喷洒提高西瓜坐果率

使用方法 用30~50毫克/升萘乙酸液于西瓜花期开始喷洒,每隔7~10天喷1次,共喷4~5次。

效果 可促进西瓜果实生长。

注意事项 田间施药以晴天、高温和无风时为宜。

21. 萘乙酸羊毛脂处理诱导西瓜无籽果实

使用方法 在西瓜花期,用1%~2%萘乙酸羊毛脂涂雌花。

效果 经处理可获得西瓜无籽果实。

22. 赤霉素喷洒防止西瓜幼瓜脱落

使用方法 在西瓜幼瓜出现后,用30~50毫克/升赤霉素药剂喷洒幼瓜2~3次。

效果 经赤霉素喷洒可防止西瓜幼瓜脱落,促进果实生长。

注意事项 留种田不能使用。

23. 吲熟酯处理促进西瓜果实膨大

使用方法 在西瓜幼瓜长到 0.25～0.5 千克时,用 50～100 毫克/升吲熟酯溶液喷施。

效果 喷后瓜蔓生长受到抑制,早熟 7 天,糖度增加 10%～20%,同时每 667 平方米增产 10%左右。

24. 草甘膦、增甘膦喷洒提高西瓜含糖量

使用方法 在西瓜幼果直径 7～10 厘米时,用 50～70 毫克/升草甘膦或 900～1 000 毫克/升增甘膦溶液对植株进行整株喷洒。

效果 可明显提高西瓜的含糖量。

25. 乙烯利喷洒催熟西瓜

使用方法 用小喷雾器,在上午 9 时前、下午 4 时后,用 100～500 毫克/升乙烯利喷洒西瓜表面,一般 1 个瓜喷 1～2 毫升。对种皮薄、表皮结构疏松的,乙烯利浓度要低,以100～300 毫克/升为好;反之,浓度高,为 300～500 毫克/升。此外,可将进入成熟期的西瓜采收后,瓜面喷洒 50～100 毫克/升乙烯利。

效果 乙烯利处理,可加快西瓜成熟,提早上市。

注意事项 喷洒时不能喷在茎叶上,以防药害。在炎热的夏季,西瓜能正常成熟,就不必用乙烯利催熟,否则不耐贮运。

26. 2,4-D、6-BA、赤霉素处理延缓西瓜衰老

使用方法 在西瓜采收后,用 10～100 毫克/升 2,4-D,或用10～15 毫克/升赤霉素,或用 10～30 毫克/升 6-BA 溶液喷果。

效果 喷果后皆有保绿及延长存放时间的作用。

27．诱抗素处理增强西瓜素质

用量　每袋15毫升诱抗素对水15～30升。

使用方法　在西瓜幼苗移栽前3天和移栽后3～5天喷施,在开花前2天再喷施1次。

效果　经处理,西瓜移栽苗返青快,可增强素质,提高移栽成活率,提高幼苗抗低温、抗干旱能力,保障在逆境条件下正常生长,促进花芽分化,提高坐果率,提早成熟上市。

注意事项　在阴天或傍晚喷施,喷施后4小时内下雨应补喷1次。

28．细胞分裂素处理促使西瓜增大增甜

使用方法　①种子处理法:在西瓜种子播种前,将种子浸于细胞分裂素100倍液中24～48小时,然后取出晾干,再进行育苗。经处理的种子出苗早、出苗齐、苗粗壮、出苗率高。②叶面喷施法:在瓜藤长至5～8节、第1批结果花蕾始花期,喷施细胞分裂素600倍液,每667平方米喷药液50升。随着气温升高,在第1次用药后每隔5～7天,再用细胞分裂素600倍液喷施,共喷3～4次。

效果　可以刺激植株生长,促进早花,提高坐果率,从而获得早熟丰产,并且可改善西瓜品质,提高糖分含量。提高坐果率13.3%,平均每667平方米增产15.3%,瓜瓤中心和边缘的糖度分别提高6.5%和7%,并可使西瓜早熟,提高抗病力。

注意事项　①细胞分裂素使用400～1 000倍液都有较好的增产作用,随着使用浓度提高,含糖量增加。②细胞分裂素可与其他生长调节剂混用。

29．丰产素喷施促进西瓜早熟增产

使用方法　掌握在西瓜苗移栽后7～10天活株时,用

1.4%丰产素6 000倍液喷雾,每667平方米喷25～50升。第2次用药掌握在蕾期,以后每隔10天喷1次,共喷4次。

效果　可促进西瓜生育提早,单株分枝增加,坐果率和单果重提高。西瓜喷施丰产素后,现蕾和花期提早3～4天,单株分枝增加1.1个,主蔓增长28厘米,单株坐果增加0.23个,单瓜重量增加300克,平均增产22.28%。

注意事项　①使用丰产素要严格配准使用浓度,浓度过高对西瓜生长不利。②丰产素要现配现用。③不可与双效灵等铜制剂混用。

三、甜　瓜

1. 赤霉素、生根剂、复硝盐处理促进甜瓜种子发芽

使用方法　用300毫克/升赤霉素溶液浸泡甜瓜种子12分钟;或用1.4%复硝盐6 000倍液浸种5～12小时;或用40毫克/升生根剂(吲哚丁酸+萘乙酸)进行种子处理。

效果　促进甜瓜种子快发芽,根系发达,苗壮。

2. 移栽灵灌蔸促进甜瓜壮苗

用20%移栽灵1 500倍溶液在甜瓜移栽定植时灌蔸,每蔸100毫升稀释药液,可防治枯萎病、根腐病等。

3. 矮壮素、助壮素喷洒促进甜瓜壮苗

使用方法　用100～500毫克/升矮壮素或250～500毫克/升助壮素药液喷施甜瓜幼苗叶面。

效果　可使甜瓜节间缩短,叶片增厚、色绿,抗旱抗寒。

注意事项　用过药之后,肥水一定要跟上才能显现出其效果。

4．绿兴植物生长剂喷施促进甜瓜壮苗

使用方法 用10%绿兴植物生长剂1 000倍液喷施甜瓜苗1～2次,隔7天1次。

效果 可补充甜瓜营养,又可促进壮苗,叶厚色深而有光泽,明显减轻猝倒病和叶枯病。

5．乙烯利喷洒调控甜瓜性别

使用方法 在甜瓜真叶2～3叶期,用200毫克/升乙烯利进行叶面喷洒,以稍有滴水为度。

效果 可使甜瓜主茎第10节前后的2～3节均能着生两性花。

注意事项 在9月份播种栽培的秋甜瓜,用200毫克/升乙烯利会过度抑制甜瓜的生育,不利于提高产量,因此宜用100毫克/升的浓度。

6．比久处理调控甜瓜性别

使用方法 用0.5%比久溶液对甜瓜幼苗进行1次叶面喷洒,或重复3次叶面喷洒,或将种子在0.5%比久溶液中浸24小时。

效果 经处理后,甜瓜植株的生长类型可由攀缘型转变为丛生型,而且有效地使性别转变成两性花。

注意事项 处理效果最好的是先进行种子处理,再连续3次叶面喷施,可使两性花和雄花的比例由1:6变成1:4。

7．坐瓜灵处理促进甜瓜坐果

使用方法 在甜瓜雌花开放或开放前,用0.1%坐瓜灵5克,加水500毫升均匀喷瓜胎。

效果 促进甜瓜坐果及幼果快速增大。

注意事项 施用时不可重复过量喷施。

8．福斯方、防落素处理促进甜瓜坐果

使用方法 用 200 毫克/升福斯方溶液在温室甜瓜开花当日涂梗,或用 25～50 毫克/升 99%防落素在甜瓜开花当日喷洒雌花。

效果 经处理,均可促进甜瓜坐果。

9．番茄素加赤霉素喷洒提高甜瓜坐果率

使用方法 在甜瓜开花前一天或当天,用 25～35 毫克/升番茄素加 100 毫克/升的赤霉素混合剂,对雌花的柱头或子房喷雾。

效果 可提高甜瓜坐果率。

10．6-BA、萘乙酸处理提高甜瓜坐果率

使用方法 用 1%～2%6-BA 溶液涂抹甜瓜子房或花梗,或用 200～300 毫克/升萘乙酸溶液喷花。

效果 可以使甜瓜坐果率提高 50%,增产 35%。

11．防落素处理促进甜瓜生长

使用方法 北方大棚或温室的甜瓜,在开花至第 2 天,用 0.5%防落素水剂 3～5 倍稀释液喷雌花子房部位。

效果 经处理,对以后甜瓜的果实生长有促进作用。

12．吲熟酯促进甜瓜果实膨大

使用方法 厚皮甜瓜在受精后 20 天和 25 天,用 1%吲熟酯1 000～1 300倍稀释液喷洒着果以上部位的茎叶。

效果 经处理,可以促进甜瓜生长,加快果实膨大。

13．赤霉素处理促进甜瓜生长

使用方法 在甜瓜幼瓜长到鸡蛋大小时,用 1.5 毫克/升赤霉素溶液涂抹瓜柄 1 次。

效果 可促进甜瓜幼瓜的生长。

14. 绿兴植物生长剂喷洒促进甜瓜膨大

使用方法　用10%绿兴植物生长剂水剂600倍液，共喷3～4次，在甜瓜膨大期后第9天进行，以后每隔8天1次。

效果　经处理后，瓜色美观，个头大，口感好，含糖量高，增产24.54%～38.33%。

15. 乙烯利处理催熟甜瓜

使用方法　在甜瓜基本长足而尚未成熟时，用500～1 000毫克/升乙烯利喷果，或在甜瓜采收后用1 000毫克/升乙烯利浸果2～3分钟。

效果　乙烯利喷果后，有明显的催熟作用。

注意事项　乙烯利喷果时，不要喷在茎叶上。喷药后，应及时采收，否则会因过熟而影响品质。

四、西　葫　芦

1. 吲丁·萘合剂浸种提高西葫芦发芽率

使用方法　在西葫芦播种前，用10～15毫克/升吲丁·萘合剂药液浸种2～4小时。

效果　可提高西葫芦发芽率，促进生根。

2. 爱多收浸种促进西葫芦生根

使用方法　在西葫芦播种前，用1.4%爱多收水剂6 000倍药液浸种5～12小时。

效果　可提高西葫芦发芽率，促进生根。

3. 绿兴植物生长剂喷洒促进西葫芦壮苗

使用方法　在西葫芦苗期2～3片真叶时、定植结瓜前以及结瓜期，喷洒10%绿兴植物生长剂水剂1 000倍液2～4次。

效果　可促进西葫芦壮苗，缓苗快，不化瓜，无畸形瓜，瓜生长快,提早上市,商品性好,瓜外表鲜嫩而有光泽,还有预防植株衰老的作用。

4.乙烯利喷洒增加西葫芦雌花数

使用方法 在西葫芦幼苗长到3片真叶时,用150毫克/升乙烯利喷洒植株,以后每隔10~15天喷1次,共喷3次。

效果 经处理,可增加西葫芦雌花数,减少雄花数,提早成熟7~10天,增加早期产量15%~20%。

5.比久、助壮素喷洒促进西葫芦壮苗

使用方法 在西葫芦3~4片真叶展开后,用1 000~2 000毫克/升比久或250~500毫克/升助壮素溶液进行叶面喷洒。

效果 节间缩短,叶片增厚、增绿,抗寒、抗旱。

6.矮壮素、多效唑处理增强西葫芦抗性

使用方法 在西葫芦3~4片真叶展开后,用100~500毫克/升矮壮素或4~20毫克/升多效唑溶液淋苗。

效果 西葫芦节间缩短,叶片增厚、增绿,抗寒、抗旱。

7.2,4-D、防落素涂抹防止西葫芦落果

使用方法 用浓度为20~30毫克/升2,4-D或30~40毫克/升防落素药液涂抹西葫芦开放的雌花花柱基部一圈。

效果 能使西葫芦收到很好的保果效果。

注意事项 防止使用中重复涂抹药液。

8.喷施宝处理促进西葫芦果实生长

使用方法 在西葫芦果实生长期用10毫克/升喷施宝喷施1~2次。

效果 经处理,可促进西葫芦果实生长,增加产量。

五、南　瓜

1．乙烯利喷洒诱导南瓜雌花

使用方法　在南瓜苗床幼苗生出 1～2 片真叶时,叶面均匀喷洒 100～200 毫克/升乙烯利溶液,以喷湿为度。

效果　乙烯利处理能提早着生和多开雌花,结瓜早,结瓜多,而且瓜形也不小,产量增加约 30%。

2．萘乙酸涂抹防止南瓜落瓜

使用方法　在南瓜开花授粉时,以 100～200 毫克/升萘乙酸溶液用毛笔涂抹雌蕊柱头或花托。

效果　经处理,可防止南瓜幼瓜脱落,还可诱导形成无籽南瓜。

3．比久喷洒提高南瓜产量

使用方法　在南瓜开花前,用1 000～5 000毫克/升比久药液进行喷洒。

效果　处理后,可增加南瓜生殖生长期,提高产量。

注意事项　在水肥严重不足的条件下使用,可能会导致大幅度减产。

4．叶面宝喷洒提高南瓜产量

使用方法　在南瓜中期,每 667 平方米用 5 毫升叶面宝加水 40～50 升,均匀喷洒南瓜茎叶。

效果　经处理,能促进南瓜生长,改善品质,提高产量。

注意事项　一般应在晴天下午 3 时后喷洒,喷后 6 小时内遇雨应补喷。

5．三十烷醇处理提高南瓜坐果率

使用方法　用 0.5 毫克/升三十烷醇喷洒南瓜,第 1 次喷药后,每周喷1次,连续喷3次。

效果　经处理的南瓜坐果率比较高。试验证明,从8月20日喷药到10月15日,共结瓜37个,大的南瓜重10.5千克,小的重2千克。

六、其　他

1. 三十烷醇浸种提高冬瓜种子发芽率

使用方法　用0.1~0.5毫克/升三十烷醇药液浸泡冬瓜种子24~72小时后进行播种(或必要时进行保温催芽)。

效果　经处理,可提高冬瓜种子发芽率,且幼苗粗壮。

2. 叶面宝、喷施宝处理提高冬瓜产量

使用方法　冬瓜于初花期开始,每15天喷1次叶面宝或喷施宝,每次每667平方米用药5毫升,加水60升。

效果　喷施后具有增强植物新陈代谢,加速植物养分运转的功能。用叶面宝喷洒能增产34.5%,喷施宝喷洒增产36.6%。

3. 2,4-D喷花防止冬瓜化瓜

使用方法　用15~25毫克/升2,4-D于冬瓜花半开时喷花。

效果　经2,4-D处理,可防止冬瓜化瓜,并可促进冬瓜生长。

注意事项　高温时使用浓度不能偏高,以免发生药害;采种田不要使用。

4. 三十烷醇处理提高丝瓜产量

使用方法　用0.02毫克/升三十烷醇溶液涂抹丝瓜幼瓜瓜柄。

效果　经处理,丝瓜可提早 6～9 天收获,增产 20% 左右。

5. 乙烯利喷洒诱导瓠瓜多开雌花

用量　瓠瓜早熟品种使用浓度为 150 毫克/升,中熟品种为 200 毫克/升,晚熟品种为 300 毫克/升。瓠瓜幼苗喷洒以喷湿为度,不宜多喷。

使用时期　乙烯利用药期以 6～8 片真叶为好。

效果　乙烯利能明显增加瓠瓜主蔓雌花数,降低雌花着生节位,明显增加产量。

6. 乙烯利与三十烷醇处理促进瓠瓜雌花形成

使用方法　①喷雾法:在瓠瓜有 5～6 片真叶时,使用浓度为 150 毫克/升乙烯利溶液喷施,经 7～10 天后(约有 10 片真叶时)再喷第 2 次。若采用大苗移栽的,可于定植前 2～3 天对苗床喷施乙烯利,在定植活棵后再喷第 2 次,这样可使全株从第 10～11 节开始着生雌花,一直连续到第 23～24 节均有雌花着生。采用喷施法的整个植株均转为雌花,为了给雌花授粉,须留有不经乙烯利处理的植株,以利蜜蜂或人工授粉。②蘸顶法:当瓠瓜秧苗有 6～8 片真叶时,用浓度 100～120 毫克/升乙烯利溶液滴于瓠瓜的心叶,或将瓠瓜苗的顶端在盛有乙烯利溶液盆中浸一下,使乙烯利仅作用于顶端心叶,而对下端萌生的侧蔓不发生影响。这样在主蔓上因受乙烯利的作用均转化为雌花,而下端侧蔓则留有雄花,且以雄花居多,有利于授粉,并可省去对照行,有利于单位产量的提高。③乙烯利与三十烷醇混用法:用浓度 150 毫克/升乙烯利和浓度 1 毫克/升三十烷醇混合喷施,能很好地调节瓠瓜的"源"(叶)与"库"(花、果)的矛盾,使植株分枝增多,生长健壮,还明显地提高了结瓜数和单瓜重。

效果　瓠瓜应用乙烯利后,在体内一定的 pH 值下将乙烯利分解而释放乙烯,促进瓠瓜雌蕊形成而使雄蕊被抑制,或在一定的节位内不形成雄蕊,达到化学去雄的目的。乙烯利与三十烷醇配合施用比二者单独使用效果更佳。

注意事项　①喷施乙烯利的时间不能过早,喷施次数不宜过多,浓度不能过高,否则会引起结瓜过多、果形变小,植株受抑过度,影响产量和品质。②为了提高黏着力,可在药液中加入少量洗衣粉。③喷施乙烯利后要加强肥水管理。

第三章　植物生长调节剂在茄果类生产中的应用

茄果类蔬菜主要包括番茄属的番茄,茄属的茄子、香瓜茄,辣椒属的辣椒和甜椒,酸浆属的酸浆,枸杞属的枸杞,树番茄属的树番茄等茄科蔬菜。其食用部分为浆果,番茄主要食用成熟果实,茄子食用嫩果,辣椒、甜椒和酸浆嫩果和熟果都可食用,枸杞主要作为药用。

茄果类蔬菜中,番茄、茄子、辣椒和甜椒是世界栽培历史悠久、栽培地区广泛的重要果菜种类。番茄含碳水化合物、蛋白质、维生素、胡萝卜素及多种矿质元素,除了作为鲜食蔬菜和水果外,还可制成酱、汁、沙司等强化维生素 C 的罐头及脯、干等加工品。番茄健脾开胃,除烦润燥,含量丰富的维生素 C 和类胡萝卜素属非酶系统的抗氧化物质,是自由基的清除剂,有抗癌尤其是抗肺癌和减少心血管发病率的作用。辣椒也含有各种营养成分,鲜品可作蔬菜、调味品或包子、面包的调味配料,此外还可加工成辣椒干、辣椒粉、腌制辣椒等。

这两种蔬菜及其加工品在蔬菜国际贸易中有重要地位。甜椒和茄子主要作为蔬菜鲜食,甜椒温中散寒,开胃消食,能增强代谢,并有一定减肥功效;茄子清热活血,消肿通络,有治疗紫癜和防止脑血栓的作用。

茄果类蔬菜喜温暖,不耐霜寒。其耐寒性依辣椒、番茄、茄子的顺序递减;其耐热性以茄子较强,辣椒次之,番茄不耐高温;生长发育最适温度22℃～28℃,温度低于15℃和高于28℃易发生落花、落果。对光周期要求不严,但充足的光照有利于茎叶生长、花芽分化和开花结果。茄果类蔬菜枝叶繁茂,栽培周期长,且多为多次采收,因此对土壤和水肥条件的要求较高。

下面以番茄为例说明其生长发育过程。番茄的生长发育包括发芽期、幼苗期和开花结果期。发芽期从种子萌发到真叶出现6～9天,最适温度为25℃～30℃,要求土壤水分充足,含氧量10%左右。幼苗期从真叶出现到第1花序显蕾,这个时期的最适环境是昼温20℃～25℃,夜温13℃～17℃,光照充足,水肥充分而合理。此时期包含着两个重要的转变:从异养生长到自养生长的转变和从以营养生长为主到营养生长和花芽分化同时进行。所以,此期几乎构成早期产量或全部产量的果实。因此,幼苗质量对早熟及丰产影响很大,必须培育出健壮秧苗,才能为早熟、丰产打好基础。开花结果期从第1花序显蕾到果实采收完毕。番茄在开花期对温度反应比较敏感,最适温度白天为20℃～30℃,夜间15℃～20℃。此期随着花蕾的出现,开花并形成幼果,植株已从营养生长向营养生长和生殖生长并行阶段过渡,要调整好两者的关系,否则会引起徒长,推迟开花结果,进而引起落花落果。

一、番　茄

1．细胞分裂素浸种培育番茄壮苗

使用方法　用细胞分裂素6 000倍液浸番茄种子8～24小时,在暗处晾干后播种。

效果　经处理,对促进番茄壮苗早发具有明显效果。

注意事项　使用浓度过高时,对幼芽及生长有抑制作用。

2．石油助长剂浸种促进番茄种子发芽

使用方法　在番茄播种前,用0.005%～0.05%石油助长剂浸种12小时。

效果　经处理,可促进番茄种子发芽,提高种子的发芽率。

3．ABT增产灵处理加速番茄幼苗生长

使用方法　用10毫克/升ABT 4号增产灵浸种30分钟,或幼苗浸根30分钟。

效果　经处理,可加速番茄幼苗生长,提高抗旱性,增加产量。

4．萘乙酸浸泡促进番茄插条生根

使用方法　利用番茄侧枝8～12厘米作插条,伤口经自然干燥愈合后浸在萘乙酸50毫克/升溶液中约10分钟,取出经清水冲洗再插入清水中。

效果　水插温度白天为22℃～28℃,夜间为10℃～18℃,7天左右即可发根成苗。

注意事项　取顶端侧枝作插条较取中段的生根快,开始结果早。

5. 吲哚乙酸浸泡促进番茄插条生根

使用方法　利用番茄侧枝 8～12 厘米作插条的,当伤口经自然干燥愈合后在 100 毫克/升吲哚乙酸中浸约 10 分钟,取出经清水冲洗再插入清水中,或直接浸入 0.1～0.2 毫克/升吲哚乙酸溶液中。

效果　经此处理后,水插温度白天在 22℃～28℃,夜间为 10℃～18℃,7 天左右即可发根成苗。

6. 芸苔素内酯喷施延缓番茄衰老

使用方法　在番茄苗期用 0.01 毫克/升芸苔素内酯药液作叶面喷施,每 667 平方米用药液 25～30 升;或在大田期用 0.05 毫克/升芸苔素内酯作叶面喷施,每 667 平方米用药液 50 升,隔 7～10 天,喷第 2 次,共喷 2～3 次。

效果　番茄苗期喷施芸苔素内酯后,可抑制猝倒病和后期的炭疽病、疫病和病毒病的发生。在大田期施用后,可提高坐果率并使果形增大、产量增加,并能延缓植株的衰老。

7. 番茄增效剂处理培育番茄壮苗

使用方法　在苗前,结合施基肥一次性施用番茄增效剂,用量为每 667 平方米施用 1 千克。

效果　在苗前随底肥施用番茄增效剂,在番茄移栽后 10天,新发侧根增加 42%,植株矮化,始花期和收花期提前,增产显著。

8. 矮壮素处理培育番茄壮苗

使用方法　番茄在 3～4 叶后至定植前 1 周;使用250～500 毫克/升矮壮素,每平方米苗床面积浇药液 1 升左右。在定植后发现有徒长现象,可用 500 毫克/升矮壮素浇施,每株浇 100～150 毫升。

效果　番茄使用矮壮素后,植株矮化,主茎粗壮,根系发达,从而促进番茄现蕾、开花和结果,并能增强抗逆能力。

9. 绿兴植物生长剂喷洒促进番茄壮苗

使用方法　在番茄幼苗5~6片叶时,用10%绿兴植物生长剂水剂1 000倍液喷1~2次。

效果　可促进幼苗深扎根,叶片增厚、色深绿,减轻病害,增强抗寒能力。

10. 比久喷洒提高番茄产量

使用方法　在番茄长出第1片真叶或4片真叶时,用2 500毫克/升比久药液进行喷洒。

效果　喷洒后,能延迟并集中番茄开花,增大果实,提高单果重量。

注意事项　水肥条件越好,使用比久的效果越明显,在水肥严重不足的条件下使用,可能会导致大幅度减产。

11. 矮壮素喷洒提高番茄产量

使用方法　从番茄2~3片真叶开始到苗期结束为止,每隔5~7天用0.05%~0.5%矮壮素喷洒,第1次用量为每平方米150毫升,以后每次每平方米用300毫升。

效果　能提高番茄幼苗质量,生殖器官数量增加,产量增加。

12. 赤霉素、ABT增产灵处理促进番茄发根

使用方法　当番茄从苗床移植到露地栽培时,用10~50毫克/升赤霉素喷洒植株;或用10毫克/升ABT 4号增产灵药液浸根0.5小时。

效果　可消除番茄移栽后生长停滞现象,根系发达,侧根多。

13. 萘乙酸处理促进番茄生根

使用方法　用1 000~2 000毫克/升萘乙酸溶液于番茄

移栽前蘸根。

效果　经处理,能明显促进番茄生根。

14.吲熟酯喷洒促进番茄成熟

使用方法　在番茄定植后 30 天,果实直径 3 厘米、幼果占 50％时,喷 50 毫克/升吲熟酯,15 天后以同样浓度再喷 1 次。

效果　促进果实提前成熟,并增加果汁内氨基酸种类及赖氨酸、脯氨酸和精氨酸的含量。

15.萘乙酸灌根培育番茄壮苗

使用方法　用 20～40 毫克/升萘乙酸药液在番茄苗期进行灌根。

效果　经处理,可使番茄健壮生长。

16.助壮素喷洒促进番茄早熟

使用方法　在番茄移栽前和初花期,用 100 毫克/升助壮素溶液分 2 次进行叶面喷雾。

效果　经处理,番茄具有早期坐果、促进早熟的作用。

17.三十烷醇喷洒提高番茄产量

使用方法　在番茄苗期、开花期,每 667 平方米用 50 毫升三十烷醇对水 50 升,各喷施 1 次。

效果　经处理,可提高番茄产量和品质,一般增产幅度为10％～20％。

注意事项　使用浓度不宜过高,在烈日和雨天不宜使用,不能与除草剂混用。

18.细胞分裂素喷洒提高番茄坐果率

使用方法　在番茄生长期及花蕾期,用细胞分裂素 6 000 倍液喷洒 1～2 次。

效果　经处理,对促进番茄生长、提高坐果率、改善品质、提高产量等有显著效果。

注意事项　使用浓度过高时,对作物幼芽及生长有抑制作用。

19.FW-450喷洒诱导番茄雄性不育

使用方法　用0.1%～0.5% FW-450在开花前2周喷洒第1次,接着自第1次喷后20天起,每隔15天连续喷洒3次0.05%的FW-450。

效果　经处理可诱导番茄雄性不育。

20.增产灵处理增加番茄产量

使用方法　番茄在蕾期用20～30毫克/升增产灵喷洒。

效果　经处理,可防止番茄落花落果,提高坐果率,增加产量。

注意事项　喷施时要尽量避开烈日,施药后6小时内遇雨应补施。

21.绿兴植物生长剂喷施增加番茄产量

使用方法　在番茄初花期、坐果初期用10%绿兴植物生长剂1 000倍液和2 000倍液喷施植株2次。

效果　经处理的番茄分别比对照增产17.8%和5.3%,晚疫病发病率减轻。

22.防落素喷施诱导番茄无籽果实

使用方法　在番茄的初花期,即在授粉以前,用10～50毫克/升防落素喷花。

效果　经处理后,能刺激番茄子房迅速膨大,果实生长快,又红又大,无籽,味好。

23.萘氧乙酸喷施诱导番茄无籽果实

使用方法　在番茄的初花期,未授粉前,用50～100毫克/升萘氧乙酸喷花。

效果　可刺激番茄子房迅速膨大,果实生长快,这样的番茄又大又红,无籽,味好。

24．2,4-D处理诱导番茄形成无籽果实

使用方法　在花期用 15~20 毫克/升 2,4-D 喷花或蘸花,1 个花序用药液量约为 1 毫升。

效果　能刺激番茄子房迅速膨大,落花落果减少,无籽,味好,而且提早成熟 5~7 天,产量提高 30% 以上。

注意事项　浸花或蘸花时尽量避免药液与嫩叶接触。

25．萘乙酸处理诱导番茄形成无籽果实

使用方法　在番茄花期用 20 毫克/升萘乙酸喷花或蘸花,1 个花序用药液量约为 1 毫升。

效果　能刺激番茄子房迅速膨大,落花落果减少,果实生长快,无籽,味好,而且提早成熟 5~7 天,产量提高 30% 以上。

注意事项　浸花或蘸花时应尽量避免药液与嫩叶接触。

26．2,4-D处理防止番茄落花

用量　常用量为 10~25 毫克/升。气温低时,2,4-D 浓度高些,反之则低些。

使用时期　春番茄主要是对第 1、2 花序处理,最好在开花前后 1~2 天内用药。

使用方法　有浸花和涂花两种。浸花:将配制好的 2,4-D 溶液倒入碗中,然后把番茄的花一朵一朵地在药液中浸一下,每隔 2~3 天浸 1 次。涂花:用毛笔或棉花等蘸配好的 2,4-D 溶液,涂到花柄和雌雄蕊柱头上。

效果　番茄使用 2,4-D 能明显防止落花,促进果实生长,提早成熟 10 天左右。

注意事项　用 2,4-D 处理时,对已浸或涂过的花不宜再

浸再涂。作留种用的切勿使用 2,4-D 处理。

27．防落素喷洒防止番茄落花

用量　以 25～50 毫克/升为宜,温度低时浓度高些,反之浓度低些。

使用时期　江南一带,在 5 月以前使用效果最好,以植株花序而言,当 1 个花序中有一半左右的花朵开放时,用喷雾器对准所有开放或尚未开放的花一起喷洒,喷湿为度,每一花序喷 1～2 次,每隔 3～5 天喷 1 次。

效果　能明显提高番茄坐果率,增加结果数和单果重,改善果实品质。

注意事项　防落素对幼芽和嫩叶会引起轻度皱缩,因此,喷药时务必喷在花上,尽量避免喷在幼芽和嫩叶上。作留种用的番茄不能使用防落素。

28．萘氧乙酸喷洒防止番茄落花

使用方法　用 20～50 毫克/升萘氧乙酸喷洒番茄花朵。

效果　能有效地防止番茄落花,提早结实,增加产量。

29．赤霉素处理防止番茄落花

使用方法　番茄用 20 毫克/升赤霉素溶液喷洒花朵和幼果,用药 1～2 次。

效果　经处理,可防止番茄花果脱落,提高坐果率,增加产量。

注意事项　留种田不能使用。

30．赤霉酸喷洒诱导番茄花柱增长

使用方法　在番茄开花前 4～6 天,用 $1～5×10^{-3}$ 摩尔/升的 GA_3(赤霉酸)喷洒。

效果　经 GA_3 处理,可诱导花柱显著增长,使柱头外露,便于人工授粉,防止自花授粉。

31．番茄灵喷洒减少番茄落花落果

使用方法　在番茄花序有 3～4 朵花开放时,用 30～50 毫克/升番茄灵喷花 1 次,隔 3 天再喷 1 次,所用浓度视气温而异。气温高,浓度低;气温低,浓度高。

效果　对防止番茄落花落果有显著的效果,早期产量高。

32．增甘膦加调节膦喷洒提高番茄品质

使用方法　在番茄开花盛期,用 0.05％的增甘膦和 0.05％的调节膦进行叶面喷洒。

效果　处理后 7 天,番茄果实中还原糖含量分别提高 7.31％和 7.65％。

33．萘乙酸喷洒提高番茄坐果率

使用方法　用 30～50 毫克/升萘乙酸液于番茄花期开始喷洒,每隔 7～10 天喷 1 次,共喷 4～5 次。

效果　喷洒后,能明显提高番茄坐果率,促进果实生长。

注意事项　施药以晴天、高温和无风时为宜,避免重复喷药和喷在嫩叶上。

34．乙烯利喷洒促使番茄疏花

使用方法　对开花多的番茄品种,在花序形成后向花序上喷洒 800～1 000 毫克/升乙烯利水溶液。

效果　喷洒乙烯利后,可收到化学疏花的效果,并可改善番茄品质。

注意事项　勿喷到嫩枝或新芽上,使用时气温以 20℃～30℃效果最好,低于 10℃或高于 30℃均不易达到理想效果。

35．叶面宝喷洒提高番茄产量

使用方法　在番茄结果期,每 667 平方米用 5 毫升叶面宝加水 40～50 升,均匀喷洒番茄茎叶。

效果　经处理,能促进番茄生长,改善品质,提高产量。

注意事项　一般应在晴天下午 3 时后喷施,喷后 6 小时内遇雨应补喷。

36.赤霉素、激动素处理延缓番茄成熟

使用方法　用 10 毫克/升赤霉素或 100 毫克/升激动素溶液浸渍番茄。

效果　可延缓番茄成熟 5～7 天。

37.乙烯利处理催熟番茄

用量　乙烯利浸番茄果实的浓度以 2 000 毫克/升左右为宜,植株上喷洒浓度为 500～1 000 毫克/升,植株上涂果浓度一般为 2 000～4 000 毫克/升。

使用方法　采后浸果:选转色期的番茄,采摘下来放在乙烯利溶液中浸几秒钟,取出后滴干药液,堆放在温床中,保持适当通风。植株上喷洒:在果实成熟前 10 天左右,喷洒乙烯利,隔 1 周再喷 1 次。植株上涂果:用排笔或棉花等蘸取乙烯利溶液涂在转色期的果实上。

效果　番茄果实经乙烯利处理后都有明显的催熟效果。一般乙烯利浸果比对照可提早转红 3～4 天,植株上处理可提早 6～8 天。

注意事项　浸果后,对堆放的大量番茄要保持适当通风,以免湿度过大而造成烂果。植株上喷洒时要喷在植株下部的果实上。

38.芸苔素内酯处理催熟番茄

使用方法　在番茄果穗大部分果实进入绿熟期时,用 10 毫克/升芸苔素内酯喷果,6 天后重复喷 1 次,共喷 3 次。

效果　在第 2 次处理后 5 天就有转色催熟的作用。

39. 水杨酸处理保鲜番茄

使用方法　将绿熟番茄用0.1%水杨酸溶液浸泡15~20分钟。

效果　处理后,番茄果实硬度大,抗病力强,能有效保存果实新鲜度,增强抗病力,延长货架期。

40. 芸苔素内酯处理提高番茄产量

用量　将每袋2克芸苔素内酯用0.2升温水(50℃~60℃)溶解,再倒入15~20升冷水,搅匀。

使用方法　在番茄生长期、开花期进行喷洒。

效果　植株健壮,开花结果早,抗晚疫病,增产20%~150%。

41. 诱抗素处理增强番茄素质

用量　每袋15毫升诱抗素对水15~30升。

使用方法　在番茄幼苗移栽前3天和移栽后3~5天喷苗,在开花前2天再喷施1次。

效果　经处理,移栽苗返青快,增强素质,提高移栽成活率;提高幼苗抗低温、抗干旱能力,保障在逆境条件下正常生长;促进花芽分化,提高坐果率,提早成熟上市。

注意事项　在阴天或傍晚喷施,喷药后4小时内下雨应补喷1次。

42. 矮壮素处理防止番茄徒长

使用方法　①喷雾法:在番茄秧苗有2~4片真叶时,用矮壮素300毫克/升对秧苗叶面喷雾,可促使秧苗矮壮,增加花数。②浇根法:当秧苗移栽大田之后,植株生长至30~50厘米时,对出现徒长现象的番茄植株,可在每一植株的根部浇施浓度为250毫克/升的矮壮素,每株200毫升,可防止番茄植株徒长。③浸根法:在番茄假植和定植前,用矮壮素500毫克/升浸根 20 分钟,然后植于苗床,可以提高秧苗素质,促进花芽分化,有利于早熟高产。

效果 使番茄植株体内的细胞伸长受到抑制,但不影响细胞分裂,因而使节间缩短,茎秆变粗,叶色变深,植株矮壮,同时叶片缩短、增宽、加厚,提高了叶绿素含量,增强了光合作用,有利于花芽分化,从而收到防徒长、增产的效果。据试验,秧苗经矮壮素处理,药后 25 天茎粗和壮苗比对照分别增加 10.5% 和 22.8%,移栽大田后,单株花序提高 9.6%,每穗花序数多 2.7%,坐果率增加 6.5%,平均增产 11.55%。

注意事项 ①番茄秧苗施用矮壮素要严格掌握浓度,适用浓度应控制在 250~500 毫克/升,最适浓度为 300 毫克/升,若浓度超过 500 毫克/升以上,将使番茄秧苗受抑制过重,影响生长。②施用矮壮素的田块要加强肥水管理工作,促进植株生殖生长。③应用矮壮素时,要根据番茄的不同品种和秧苗的生长状况酌情确定是否用药,如不易徒长的品种或生长正常的秧苗,不要使用矮壮素。

43. 多效唑喷施防止番茄徒长

使用方法 对出现徒长的番茄秧苗,掌握在 5~6 片真叶时用浓度为 10~20 毫克/升的多效唑叶面喷施,每 667 平方米用药液量 35~40 升,药后 7~10 天即可控制秧苗徒长。同时出现叶色变绿,叶片增厚,植株和叶片硬挺,腋芽萌生。经多效唑处理的秧苗,移栽大田之后,在肥水充足的条件下,植株生长迅速加快。

效果 番茄叶柄长度缩短 12.4%,单叶面积缩小 45.4%,干重增加 30.9%,叶片厚度增加 15%,叶绿素含量增加 206.9%,比对照增产 35.8% 和 44.4%。

注意事项 ①番茄秧苗应用多效唑时必须严格掌握浓

度,喷雾时雾点要细,喷施要均匀,且不能重复喷施,要防止药液大量落于土壤。②要避免浇根或拌泥根施,以防在土壤中残留。

44．2,4-D 点花提高番茄坐果率

使用方法 2,4-D 使用的最适宜时期是在番茄开花前后1～2 天,可防止落花,所结的果实生长迅速,果形整齐。如处理过早,则子房膨大很慢,所结的果实很小;如果处理过迟,花柄离层已经形成,失去防止落花的效果,或者由于子房已经受精,所结的果实含有种子。应用 2,4-D 的浓度应根据番茄的种类和当时的气温而定。一般处理番茄的浓度为 10～20 毫克/升。气温低,浓度可适当提高,掌握在 15～20 毫克/升之间;反之应掌握在 10～15 毫克/升之间。施药方法有 2 种:一是浸花法,即先配制好药液,再将花及花柄浸于药液中 1 秒钟左右,刮去花朵上残留的药液,防止出现畸形果;二是点花法,先配好药液,再用毛笔或棉花球将药液涂在花柄上。

效果 可防止番茄落花落果,增加早期产量。

注意事项 ①番茄的枝、叶易受 2,4-D 药害,受到药害的叶片,表面皱缩而狭长、细小,严重的嫩枝卷曲,所以药液不能溅到嫩芽上。②应用 2,4-D 药液的浓度必须严格掌握,不能过高或过低;若浓度超过 25 毫克/升以上,则会出现严重的畸形果,如果浓度过低,则不能起到防止落花的作用。应用 2,4-D 也可防止在高温情况下的落花,但应用浓度必须很低,并且每朵花只能处理 1 次,不能重复。③经 2,4-D 处理的果实为无籽果,留种田禁用。

45．防落素喷施促番茄保花保果

使用方法 将配制好的防落素溶液用小喷雾器对番茄花序(或花朵)进行侧喷,喷施时间一般是在开花后的 1～2 天

内,喷药量以花朵被喷湿润为度。防落素的使用浓度应掌握在20～30毫克/升之间。若气温低,浓度可略高一些,气温高可略低一些。

效果　可节省人工,提高工效,并达到保花保果的目的。果实膨大加快,提早采收,使早期产量比对照增加4.8倍。

注意事项　①应尽量避免将药液喷至枝、叶上,如果药液接触到幼芽或嫩叶,会引起轻度的叶片皱缩、狭长或细小等药害现象。②对出现轻度药害的番茄,应加强肥水管理,促进新叶正常发生。

46. 芸苔素内酯喷施使番茄延缓衰老

使用方法　①苗期:用浓度为0.01毫克/升芸苔素内酯作叶面喷施,每667平方米用药液25～30升。②大田期:用浓度为0.05毫克/升芸苔素内酯作叶面喷施,每667平方米用药液50升,隔7～10天后,喷第2次,共喷2～3次。

效果　番茄苗期喷施芸苔素内酯后,可抑制猝倒病和后期的炭疽病、疫病和病毒病的发生。在大田期施用后,可提高坐果率并使果形增大,产量增加,并能延缓植株的衰老。

注意事项　①要准确掌握施用浓度和配制浓度,防止因浓度过高影响植株生长。②不能与碱性农药混用。

47. 三十烷醇喷施促进番茄生长

使用方法　三十烷醇在番茄上的应用最适浓度是0.5毫克/升,每667平方米用药液量为50升,整个生长期喷施2～3次。喷施时可加入磷酸二氢钾或尿素等混合喷施,增产效果更为显著。

效果　可促进植株的根、茎、叶生长,使鲜重和干重迅速增加,提高果实中维生素C的含量,一般100克番茄果实中可增加维生素C含量约34.52毫克。

注意事项 ①番茄喷施三十烷醇的适宜浓度为 0.1～1 毫克/升,若浓度超过 1 毫克/升时将对植株有抑制生长的作用,低于 0.1 毫克/升则效果较差。②整个生长期喷施次数以 2～3 次为宜,每次间隔以 7～10 天为宜。③在应用三十烷醇时,要注意药剂的质量,若发现药液混浊和乳析现象,都将影响三十烷醇的使用效果。④喷施三十烷醇时,可以与农药、微量元素混用,但不能与碱性农药混用,也可与赤霉素、生长素类和细胞分裂素类等生长调节剂混用,但不能与生长抑制剂类生长调节剂混用。

48. 乙烯利处理促进番茄早熟

使用方法 ①涂抹法:当番茄的果实由青熟期即将进入催色期时,可将小毛巾或纱手套等放在浓度为 4 000 毫克/升乙烯利溶液中浸湿后,在番茄果实上揩一下或摸一下即可。经乙烯利处理的果实可提早 6～8 天成熟,且果实光泽鲜亮。②浸果法:如果将已进入催色期的番茄采摘下来再催熟,可采用浓度为 2 000 毫克/升乙烯利对果实进行喷施或浸果 1 分钟,再将番茄置于温暖处(22℃～25℃)或室内催熟,但催熟的果实不如植株上的鲜艳。③大田喷果法:对于一次性采收的加工番茄,可在生长后期大部分果实已转红色但尚有一部分青果不能用作加工时,为了加速果实成熟,可全株喷施 1 000 毫克/升乙烯利溶液,使青果加快成熟。对于作晚季栽培的秋番茄或高山番茄,在生长后期,气温逐渐下降,霜冻即将来临,但番茄植株上尚有不少青果不能及时转红时,可用 1 000～2 000 毫克/升乙烯利喷施植株或果实,促进果实提早成熟。

效果 经处理的番茄可提早成熟,增加早期产量,而且对后期番茄的成熟也十分有利。对于罐藏加工番茄品种,为便于集中加工,可应用乙烯利进行处理,而且应用乙烯利处理的番茄其茄红素、糖、酸等的含量均与正常成熟的果实相似。

注意事项　①应用乙烯利促进番茄早熟,要严格掌握乙烯利的浓度。②在番茄的正常生长季节,不能用乙烯利喷施植株,因为植株经乙烯利特别是较高浓度乙烯利处理之后会抑制其生长,并使枝叶迅速转黄,将严重影响产量。

二、辣　椒

1. 萘乙酸浸蘸促进辣椒扦插生根

使用方法　剪取辣椒侧枝或主枝,用2 000毫克/升萘乙酸快速浸蘸约5秒钟,然后插入砻糠灰及珍珠岩培养基质中。

效果　经处理的扦插枝,扦插后20天,成活率为94%,根长达3.8厘米。

2. 绿兴植物生长剂喷洒促进辣椒壮苗

使用方法　于辣椒4～5片真叶时,用10%绿兴植物生长剂水剂1 000倍液喷洒1～2次。

效果　可显著促进壮苗,茎粗,叶色深,根系发达,抗逆力强,病害明显减轻。

3. 多效唑喷施促进辣椒壮苗

使用方法　在辣椒苗高6～7厘米时,用10～20毫克/升多效唑药液进行叶面喷施,每667平方米用药量20～30升,喷施1次。

效果　经处理,可促进辣椒壮苗。

注意事项　切不可超量重复喷洒。

4. 丰产素喷施促进辣椒早熟

使用方法　在辣椒定植之后,用1.4%丰产素6 000倍液,每667平方米喷50升,每隔7～10天喷1次,共喷3～4

次。

效果　在辣椒定植以后,连续喷施丰产素可以提高坐果率,促进早熟,增产达 11.9%。

注意事项　喷施丰产素要严格控制浓度,一般使用浓度为 6 000 倍,若浓度低于 5 000 倍,对植株有抑制作用。喷施丰产素之后,更要加强肥水管理,促进植株生长。

5. 绿兴植物生长剂喷洒提高辣椒产量

使用方法　在辣椒定植后,使用 10% 绿兴植物生长剂 1 000 倍液,每 7～10 天叶面喷雾 1 次,共 3～4 次,每 667 平方米每次喷洒 50 升药液。

效果　可促进生长,减轻病害,增加产量,改善品质,提高商品价值。

6. 2,4-D 处理提高辣椒产量

使用方法　在大田定植 20 天左右的辣椒植株,用 30 毫克/升 2,4-D 浸花,每隔 7～10 天处理 1 次,共处理 4～5 次。

效果　经处理,早期、中期和晚期的辣椒产量分别比对照增加 12.3%,14% 和 13.8%,总产量提高 13.8%。

7. 三十烷醇处理提高辣椒产量

使用方法　在辣椒苗期、开花期,每 667 平方米用 50 毫升三十烷醇加水 50 升,各喷施 1 次。

效果　经处理,可提高辣椒产量和品质,一般增产幅度为 10%～20%。

注意事项　使用浓度不宜过高,在烈日和雨天不宜使用,不能与除草剂混用。

8. 萘乙酸处理诱导辣椒无籽果实

使用方法　在辣椒开花初期,用 500 毫克/升萘乙酸水溶液处理花朵。

效果　经处理,能获得辣椒正常的无籽果实。

9. 萘乙酸羊毛脂处理诱导辣椒无籽果实

使用方法　在辣椒开花期间,用1%萘乙酸羊毛脂处理花朵。

效果　可获得辣椒正常的无籽果实。

10. 爱多收处理减少辣椒落花落果

使用方法　在辣椒花蕾期,用1.4%爱多收6 000倍液叶面喷施1~2次,每667平方米喷洒40升药液。

效果　经处理,能减少辣椒落花落果,增加辣椒的产量。

11. 喷施宝处理防止辣椒落花

使用方法　在辣椒生长期、结果期,用10毫克/升喷施宝药液喷洒叶面各1次,每667平方米用药液50升。

效果　能减少辣椒落花落果,增加辣椒的产量。

12. 萘乙酸喷洒防止辣椒落花

使用方法　于辣椒开花期用50毫克/升萘乙酸溶液喷花,每隔7~10天喷1次,前后共喷4~5次。

效果　能明显减少辣椒落花,提高坐果率,增加果数和果重,总产量增加20.4%,同时增强抗病和抗逆性。

注意事项　此法对留种的辣椒不宜,会对辣椒种子的形成、发育和产量有一定影响。

13. 助壮素喷施提高辣椒坐果率

使用方法　在辣椒开花初期,用100毫克/升助壮素水溶液进行叶面喷雾。

效果　经处理,对防止辣椒落花、落蕾有很好的效果,提高了坐果率,增产20%左右。

注意事项　用药后要加强田间肥水管理,否则使用效果可能不明显。

14．赤霉素处理防止辣椒落花

使用方法　用20～40毫克/升赤霉素药液喷洒辣椒花朵,用药1～2次。

效果　经处理,可防止辣椒花、果脱落,提高坐果率,增加产量。

注意事项　留种田不能使用。

15．防落素喷洒防止辣椒落花

使用方法　在辣椒花期用50毫克/升防落素喷花。

效果　喷药后,辣椒叶的寿命延长,抗逆性增强,可有效地防止落花,提高坐果率11%～23%。

注意事项　喷药时应喷在花上,且喷洒要尽量均匀。处理后的辣椒不能留种。

16．增产灵处理增加辣椒产量

使用方法　用20毫克/升增产灵溶液于辣椒花蕾期喷施或点涂幼果。

效果　经处理,可防止辣椒落花落果,提高坐果率,增加产量。

注意事项　喷施时要尽量避开烈日,施药后6小时内遇雨应补施。

17．矮壮素处理增加辣椒产量

使用方法　在辣椒开花期,用4 000～5 000毫克/升矮壮素药液进行叶面喷洒。

效果　经矮壮素喷洒,有壮秧、促早熟、增产的作用。

注意事项　喷洒后3～4小时内如降雨应补喷。用药应与加强田间肥水等管理结合起来方能取得明显效果。

18．叶面宝喷洒提高辣椒产量

使用方法　在辣椒结果期,每667平方米用5毫升叶面宝加水 40~50 升,均匀喷洒辣椒茎叶。

效果　经处理,能促进辣椒生长,改善品质,提早成熟,增加产量。

注意事项　一般应在晴天下午 3 时后喷施,喷后 6 小时内遇雨应补喷。

19．乙烯利喷洒催熟辣椒

使用方法　在辣椒植株生长后期,植株上已有 1/3 的果实转红时,用 200~1 000 毫克/升乙烯利喷洒植株。

效果　喷洒乙烯利后,经 4~6 天辣椒果实全部转红,可提早采收。

注意事项　在辣椒生长期间,不能用较高浓度的乙烯利喷洒,否则会引起叶片大量黄落。

20．诱抗素处理增强辣椒素质

用量　每袋 15 毫升诱抗素对水 15~30 升。

使用方法　在辣椒幼苗移栽前 3 天和移栽后 3~5 天喷苗,在开花前 2 天再喷施 1 次。

效果　经处理,辣椒移栽苗返青快,增强素质,提高移栽成活率;提高幼苗抗低温、抗干旱能力,保障在逆境条件下正常生长;促进花芽分化,提高坐果率,提早成熟上市。

注意事项　在阴天或傍晚喷施,喷施后 4 小时内下雨应补喷 1 次。

21．芸苔素内酯喷洒提高辣椒产量

用量　将每袋 2 克芸苔素内酯用 0.2 升温水(50℃~60℃)溶解,再倒入 15~20 升冷水,搅匀。

使用方法　在辣椒生长期、开花期进行喷洒。

效果　植株高大,分枝多,结果早,提前 10 天转红,增产 15%~45%。

22．多效唑喷施防止辣椒苗期徒长

使用方法 在辣椒秧苗高 6～7 厘米时,用浓度为 10～20 毫克/升多效唑叶面喷施,每 667 平方米用量 20～30 升,特别是当秧苗开始出现徒长趋势时,施用多效唑效果更为显著。

效果 辣椒苗期经多效唑处理之后,可以控制秧苗徒长,促进分枝,增加叶片叶绿素含量,并可提高抗寒、抗病能力。

注意事项 ①要严格掌握施用浓度,在小苗时浓度应低,可选用 10 毫克/升,中苗或大苗时浓度可略高,但不能超过 20 毫克/升,否则易使秧苗受抑过重。②叶面喷雾时,雾点要细,喷施要均匀,不能重复喷施,折合每 667 平方米用药液量要掌握在 20～30 升之间。③要采用叶面喷施,防止浇施和拌泥根施使土壤残留过重,影响秧苗生长。④如果出现因多效唑施用过量造成秧苗受抑制过重的现象,可采取加强肥水管理和喷施浓度为 10～20 毫克/升赤霉素的办法,使秧苗抑制得到缓解。

23．2,4-D 点花防止辣椒落花落果

使用方法 对大棚或中棚栽培的辣椒,由于前期气温低(气温在 10℃～15℃),造成大量落花,可采用浓度为 20～25 毫克/升 2,4-D 进行点花,点花浓度应根据气温适当调整。若气温低,浓度应高,可选用 25 毫克/升 2,4-D 点花,否则浓度应降低。

效果 可以明显地提高辣椒早期产量。

注意事项 ①辣椒用 2,4-D 点花,要在生长前期应用。②在点花时药液不能触及枝、叶,特别是幼芽。也要避免重复点花。③点花以后要加强肥水管理,促进幼果生长。

24．防落素喷花防止辣椒落花落果

使用方法　在辣椒的前期和中后期,特别是中后期,由于植株生长茂盛,花数增多,可采用浓度为 40～50 毫克/升防落素喷花,提高坐果率。植株经防落素处理后,叶色变深,叶的寿命延长,增强了抗病和抗逆性。

效果　可防止辣椒落花,节省人工,增加产量,特别是早期产量。

注意事项　用防落素喷花时,虽然对辣椒植株的药害较轻,但在喷施时还须尽量避免接触幼芽。

25．三十烷醇喷施促进辣椒生长

使用方法　辣椒应用三十烷醇的施药适期是始花期,使用浓度是 0.5 毫克/升,每 667 平方米喷施药液量 50 升,每隔 10～15 天喷施 1 次,共喷 3～4 次。

效果　可以提高辣椒坐果率,增加早期产量。

注意事项　①要严格掌握适期和使用浓度。②喷施时雾点要细,喷施要均匀,药液量要足。③喷施时间应选择晴天下午 3 时以后效果较好,若喷施以后 6 小时内遇雨,要重新喷施。④可与化肥和农药混用,但不可与碱性农药、化肥混用。

26．丰产素喷施促进辣椒早熟增产

使用方法　在辣椒定植之后,用 1.4% 丰产素 6 000 倍液,每 667 平方米喷 50 升,每隔 7～10 天喷 1 次,共喷 3～4 次。

效果　可以提高辣椒坐果率,促进早熟,增产达 11.9%。

注意事项　①施丰产素要严格控制浓度,一般使用浓度为 6 000 倍,若浓度低于 5 000 倍,对植株有抑制作用。②丰产素可与农药或肥料等混合作叶面喷雾,喷施丰产素之后,更要加强肥水管理,促进植株生长。

三、甜 椒

1. 芸苔素内酯浸种培育甜椒壮苗

使用方法 用芸苔素内酯-481 的 1.8 克粉剂,对水 100 升浸甜椒种子 6 小时。

效果 甜椒种子经处理后,其幼苗抗猝倒病、成株抗炭疽病能力增强,产量增加。

2. 赤霉素、ABT 增产灵处理促进甜椒生根

使用方法 在甜椒从苗床移到露地栽培时,用 10~50 毫克/升赤霉素溶液喷洒植株,或用 10 毫克/升 ABT 4 号增产灵药液浸根 0.5 小时。

效果 可消除甜椒移栽后生长停滞现象,根系发达,侧根多。

3. 2,4-D 处理提高甜椒产量

使用方法 在甜椒的第 1 代幼苗定植后约 20 天,以 8 毫克/升 2,4-D 喷花或用 30 毫克/升 2,4-D 浸花,每隔 7~10 天处理 1 次,前后共处理 4~5 次。

效果 经以上处理,提高了甜椒早期产量和总产量。

注意事项 如果在 5~6 月间,所用浓度应随温度升高而适当下降。

4. 防落素处理提高甜椒产量

使用方法 在甜椒第 1 代的幼苗定植后约 20 天,用 30 毫克/升防落素喷花或用 60 毫克/升防落素浸花,每隔 7~10 天处理 1 次,前后共处理 4~5 次。

效果 经以上处理,提高了甜椒的早期产量和总产量。

注意事项 应用时如果在 5~6 月间,所用浓度应随温度

升高而适当降低。

5．茅草枯喷洒抑制甜椒花药开裂

使用方法　对甜椒整株喷洒 200～300 毫克/升茅草枯药液。

效果　对处理时仍未达到减数分裂期的甜椒幼小花蕾发生作用,2 周以后,花药呈黄白色而不能开裂,至处理后 3 周,仍有效果。

四、茄　子

1．细胞分裂素浸种培育茄子壮苗

使用方法　用细胞分裂素 6 000 倍液浸茄子种子 8～24 小时,在暗处晾干后播种。

效果　经处理,对促进茄子壮苗早发具有明显效果。

2．ABT 增产灵浸种促进茄子幼苗生长

使用方法　用 5 毫克/升 ABT 4 号增产灵药液浸茄子种子 30 分钟。

效果　可加速茄子幼苗生长,提高抗旱性,增加产量。

3．萘乙酸浸蘸促进茄子扦插生根

使用方法　剪取茄子侧枝或主枝,用 2 000 毫克/升萘乙酸进行快速浸蘸约 5 秒钟,然后插入砻糠灰及珍珠岩培养基质中。

效果　扦插后 20 天,茄子扦插枝成活率为 70%,根长达 4 厘米。

4．赤霉素、ABT 增产灵处理促进茄苗发根

使用方法　在茄子从苗床移植到露地栽培时,用 10～50 毫克/升赤霉素喷洒植株,或用 10 毫克/升 ABT 4 号增产灵药液浸根 0.5 小时。

效果 可消除茄子移栽后生长停滞现象,根系发达,侧根多。

5. 矮壮素喷洒增强茄子抗性

使用方法 在茄子苗期,用 300 毫克/升矮壮素药液进行叶面喷施,每 667 平方米用药液量 50 升。

效果 可抑制茄苗徒长,节间短,促进根系发育,增强抗逆性。

6. 多效唑处理促进茄子壮苗

使用方法 在茄子 5～6 片真叶时,使用 10～20 毫克/升多效唑药液进行叶面喷洒,每 667 平方米用药液量 20～30升。

效果 经处理可促进茄子壮苗。

注意事项 要严格注意药液浓度,切不可超量应用。

7. 绿兴植物生长剂喷洒促进茄子壮苗

使用方法 于茄子 4～5 片真叶时,喷洒 10%绿兴植物生长剂水剂 1 000 倍液 1～2 次。

效果 可显著促进茄子壮苗,茎粗,叶色深,根系发达,抗逆力强,病害明显减轻。

8. 三十烷醇处理提高茄子产量

使用方法 在茄子苗期,用 0.04 毫克/升三十烷醇溶液喷洒叶面,在初花期和结果中期用 0.5 毫克/升和 0.1 毫克/升溶液喷施叶面。

效果 茄子施用三十烷醇,有促进增产的作用。

9. 增产灵处理增加茄子产量

使用方法 用 20 毫克/升增产灵溶液于茄子花蕾期喷施或点涂幼果。

效果　经处理,可防止落花落果,提高坐果率,增加产量。

注意事项　喷施时要尽量避开烈日,施药后6小时内遇雨应补施。

10．坐果灵浸花提高茄子产量

使用方法　在茄子始花期用30～50毫克/升坐果灵溶液浸花,每隔3～4天处理1次,共计5次。

效果　经坐果灵处理后能明显增加茄子早期产量,但对后期产量没有明显的影响。

11．矮壮素喷洒增加茄子产量

使用方法　在茄子开花期,用4 000～5 000毫克/升矮壮素药液进行叶面喷洒。

效果　经处理,有对茄子壮秧、促早熟、增产的作用。

注意事项　喷洒后3～4小时内如降水应补喷。用药应与加强田间肥水等管理结合起来才能取得明显效果。

12．2,4-D 处理防止茄子落花

用量　常用20～50毫克/升。气温低时,2,4-D浓度高些;反之,则低些。

使用时期　主要是对茄子植株下部的花处理,最好是在开花前后1～2天内用药。

使用方法　有浸花和涂药两种。浸花:将配制好的2,4-D溶液倒入碗中,然后把茄子的花一朵一朵地在药液中浸一下,每隔2～3天浸1次。涂花:用毛笔或棉花等蘸配好的药液涂到花柄和雌雄蕊柱头上。

注意事项　用2,4-D处理时,对已浸或涂过的花不宜再用。作留种用的切勿使用2,4-D处理。

13．防落素喷洒防止茄子落花

使用方法　当茄子开花时,用手持喷雾器对当天及前后

1~2 天开的花一起喷洒,喷湿为度。也可用单花浸蘸法处理。使用浓度 30~50 毫克/升。气温低则浓度高,反之低些。隔 3~4 天喷 1 次。

效果 能明显防止茄子早期落花,增加结果数,加快果实生长,提早采收,提高前期产量。

注意事项 喷药时务必喷在花上,尽量避免喷在幼芽和嫩叶上。作留种用的茄子不能使用防落素。

14. 防落素处理诱导茄子无籽果实

使用方法 在茄子开花期间,用 10~40 毫克/升防落素喷花或浸花。

效果 防落素处理后,可诱导茄子单性结实,产生无籽果实,而且可防止落花,提高结实率,增大果实,提高产量。

15. 芸苔素内酯喷洒提高茄子产量

用量 将每袋 2 克芸苔素内酯用 0.2 升温水(50℃~60℃)溶解,再倒进 15~20 升冷水,搅匀。

使用方法 在茄子苗期、开花期进行喷洒。

效果 茄子植株高大,分枝多,结果早,结果率可增加15%~35%。

16. 诱抗素处理增强茄子素质

用量 每袋 15 毫升诱抗素对水 15~30 升。

使用方法 在茄子幼苗移栽前 3 天和移栽后 3~5 天喷施,在开花前 2 天再喷施 1 次。

效果 经处理,茄子移栽苗返青快,增强素质,提高移栽成活率;提高幼苗抗低温、抗干旱能力,保障在逆境条件下正常生长;促进花芽分化,提高坐果率,提早成熟上市。

注意事项 在阴天或傍晚喷施,喷施后 4 小时内下雨应补喷 1 次。

17．矮壮素处理控制茄子秧苗徒长

使用方法　对出现有徒长趋势的茄子秧苗,可用矮壮素处理。①喷雾法:用矮壮素 300 毫克/升叶面喷雾,喷施时雾点要细,选择在晴天下午 3 时以后喷施为宜,并要防止重复喷施,以防受抑过重。②浇施法:用矮壮素 500 毫克/升液对秧苗进行浇洒,一般每平方米苗床浇洒药液 1 升左右。浇洒矮壮素,可选用细孔径的洒水壶,做到洒施均匀,要防止重复浇洒,以免植株抑制过度而影响生长。

效果　茄子植株矮壮,叶色深绿,生长速度减慢,节间缩短,抗逆性增强。

注意事项　①应用矮壮素防止秧苗徒长要严格掌握浓度,特别是喷雾法与浇施法二者浓度是不相同的,不能用错。②要控制使用矮壮素的次数,一般苗期施用 1 次即可,不要多次重复施用,并要防止重喷。

18．多效唑处理控制茄子秧苗徒长

使用方法　在茄子植株有 5～6 片真叶时,用浓度为 10～20 毫克/升多效唑进行叶面喷雾,每 667 平方米用药液量 20～30 升,喷施时雾点要细,喷施要均匀,不能重复喷施。一般整个秧苗期喷施 1 次即可,最多不超过 2 次,否则易使秧苗受抑过重,影响生长。

效果　茄子秧苗的徒长现象可明显地得到控制,呈现植株矮壮,叶色深绿、叶片硬挺。

19．2,4-D 点花防止茄子落花落果

使用方法　茄子在气温低于 20℃时,授粉及果实生长发育就受到影响,当气温在 15℃ 以下时就会引起落花,而应用 2,4-D 后,可以防止落花。

处理方法有点花和浸花 2 种。点花法:用毛笔或棉花球

等涂于花柄上。浸花法:是将配制好的 2,4-D 药液盛于小杯中,浸花后迅速取出,然后刮去残留于花朵上的药液。

最适浓度是 20～30 毫克/升,若采用塑料中棚、大棚栽培的茄子,在点花时其浓度可掌握在 20～25 毫克/升,花期掌握在花初开放时施用为宜。

使用浓度与气温有关。一般气温低,浓度可适当提高到 25～30 毫克/升;气温高,掌握在 20～25 毫克/升。

效果 不仅能有效地防止茄子落花,而且可以增加茄子早期产量。

注意事项 ①要准确掌握处理浓度,特别是要根据气温的变化调整浓度,即使在施用复方 2,4-D 时,虽然其浓度弹性较大,若温度变幅过大时仍应进行适当的调整。②2,4-D 药液不能接触枝、叶,特别是嫩芽,以免出现叶片皱缩等药害现象。

20. 番茄灵喷花防止茄子落花落果

使用方法 茄子应用番茄灵的适宜浓度是 50～60 毫克/升,若气温低于 20℃ 以下时,浓度可选用 60 毫克/升,气温高,浓度应该下降。番茄灵的施用方法,一般采用喷花。喷花的工具可选用小型手持喷雾器或喷筒,对准花朵喷雾即可。

效果 节省人工,并可明显地增加茄子早期产量。可使早期产量增加 382.7%,产值提高 415%。

注意事项 ①要根据气温的变化,调整施用浓度。②喷花时要尽量避免药液接触枝、叶,否则会出现不同程度的药害现象。

第四章 植物生长调节剂在甘蓝类生产中的应用

甘蓝为十字花科芸薹属的一二年生草本植物,包括结球甘蓝、羽衣甘蓝、抱子甘蓝、花椰菜、青花菜、芥蓝等。甘蓝类蔬菜在世界各地广泛栽培,在我国栽培虽不久,但发展很快。

甘蓝类蔬菜的各变种中品种繁多,根据品种生长期、耐寒性、耐热性及冬性不同,在不同的气候条件下排开播种,加上适当贮存,容易实行周年供应。甘蓝类蔬菜不仅有各自独特的风味品质,而且含丰富的维生素、蛋白质和矿物质等营养成分,在人民生活中占有重要位置。

甘蓝类蔬菜在栽培上有很多共同的要求,它们喜欢温和冷凉的气候,适宜在秋季温和条件下栽培,一般耐热和耐寒力强。喜肥沃而不耐瘠薄,要求在富于腐殖质、保肥力强的土壤上栽培,喜湿润而不耐干旱,要求在灌溉条件下栽培。根的再生力强,一般适宜用育苗移栽。都是低温长日照作物,但是各个变种和品种间通过阶段发育的要求和时间有所不同。

甘蓝类的生产尽管发展很快,但在生产上还存在一些问题。长江流域夏季温度偏高,雨水增加,给夏季甘蓝类育苗带来很多困难,育苗质量差,导致产量下降。冬季气温变暖或倒春寒使春甘蓝先期抽薹现象增加,给生产上带来很大损失。因而调节控制甘蓝生长发育是实现甘蓝周年供应的重要技术措施。

一、甘　蓝

1.细胞分裂素浸种培育甘蓝壮苗

使用方法　用细胞分裂素6 000倍液浸甘蓝种子8~24小时,在暗处晾干后播种。

效果　经处理,对促进甘蓝壮苗早发具有明显效果。

注意事项　使用浓度过高,对作物幼芽及生长有抑制作用;应在甘蓝结球前1个月停止使用该药,否则会推迟结球。

2.石油助长剂浸种提高甘蓝种子发芽率

使用方法　在甘蓝播种前,用0.005%~0.05%石油助长剂药液浸种12小时。

效果　可提高甘蓝种子发芽率。

3.比久喷洒提高甘蓝产量

使用方法　早熟甘蓝在播种后20天,幼苗2叶1心时,用2 000毫克/升比久溶液均匀地喷洒甘蓝叶面,以叶面充分湿润为宜。

效果　经处理后,可增强植株的抗逆性,明显地增加甘蓝产量。

4.乙烯利喷洒培育甘蓝壮苗

使用方法　在甘蓝1~4叶时,用240~960毫克/升乙烯利喷洒。

效果　喷洒后,甘蓝生长速度减缓,抑制植株徒长,培育壮苗。

5.邻氯苯氧乙酸处理抑制甘蓝抽薹

使用方法　在甘蓝幼苗长到4~5片真叶时,在低温期间用100~250毫克/升邻氯苯氧乙酸(CIPP)进行叶面喷洒。

效果 在此期间处理后,可抑制甘蓝早期抽薹。

注意事项 要掌握好处理时期,若在低温期后处理,反而会促进抽薹。

6. ABT 增产灵浸根促进甘蓝增产

使用方法 用 6.25 毫克/升 ABT 4 号增产灵药液于甘蓝移栽时浸根 20 分钟。

效果 可使地膜覆盖甘蓝苗缓苗期缩短,根茎粗壮,叶片数增多 4～5 片,叶色嫩绿,最明显的是根系发达,平均主根一般都多 3.5～4.5 条,鲜根重量每根多达 2.7～3.8 克,最多超过 1 倍以上,还可使甘蓝增产 25% 以上。

注意事项 不用地膜覆盖同样增产增收,但成熟期要推迟。

7. 萘乙酸蘸根促进甘蓝生根

使用方法 用 1 000～2 000 毫克/升萘乙酸溶液在甘蓝移栽前蘸根。

效果 经处理,可明显促进甘蓝生根。

8. 萘乙酸灌根培育甘蓝壮苗

使用方法 用 20～40 毫克/升萘乙酸溶液于甘蓝苗期进行灌根。

效果 经处理,可使甘蓝健壮生长。

9. 青鲜素喷洒抑制甘蓝抽薹

使用方法 在甘蓝花芽分化后尚未伸长时,用 2 000～3 000 毫克/升青鲜素喷洒,每 667 平方米用药液 50 升左右。

效果 青鲜素喷洒甘蓝,可抑制抽薹,使裂球减少,完整无损的甘蓝数增加。

10. 赤霉素处理促进甘蓝抽薹开花

使用方法 在甘蓝开始包心时,用 20～50 毫克/升赤霉素溶液滴生长点,或用 100～500 毫克/升喷洒叶面 1 次或几次。

效果　用赤霉素处理,可以代替或部分代替春化或光照作用,使甘蓝这种长日照植物在越冬前的短日照条件下抽薹、开花、结籽,加速世代繁殖。

11．石油助长剂喷洒提高甘蓝产量

使用方法　用 0.05% 石油助长剂溶液于甘蓝包心始期进行叶面喷洒,每 667 平方米用药量 40 升。

效果　经处理,甘蓝叶球干重增加 8.9%,维生素 C 增加 7.1%,可溶性糖增加 13.2%,纤维素降低 18.6%,具有增产作用。

12．赤霉素喷洒提高甘蓝产量

使用方法　在结球甘蓝包心初期,用 10～30 毫克/升赤霉素溶液喷洒 1～2 次。

效果　经赤霉素喷洒,可促进甘蓝生长,提高其产量。

注意事项　对留种用的甘蓝不能用赤霉素喷洒。

13．矮壮素喷洒抑制甘蓝抽薹

使用方法　于甘蓝抽薹前 10 天,用 4 000～5 000 毫克/升矮壮素溶液喷洒,每 667 平方米用药量 50 升。

效果　可以明显抑制甘蓝抽薹,保持较好的品质。

14．6-BA 处理防止甘蓝衰老

使用方法　在甘蓝采收前用 10～30 毫克/升 6-BA 喷洒叶片,或在采收后浸泡植株片刻。

效果　可有效地防止甘蓝衰老,防止变质腐烂,延长保鲜期。

15．2,4-D 喷洒防止甘蓝脱叶

使用方法　在甘蓝采收前 3～5 天,用 100～120 毫克/升

2,4-D 喷洒植株。

效果　经 2,4-D 喷洒,可显著减少贮藏期间甘蓝的脱叶现象。贮藏 4～5 个月后,每个叶球只脱叶 1～2 片。

16．萘乙酸甲酯处理防止甘蓝脱叶

使用方法　在甘蓝采收后,把甘蓝叶球与喷有萘乙酸甲酯溶液的碎纸条混合贮藏,每只叶球用萘乙酸甲酯 50～100 毫克。

效果　可以有效减少甘蓝贮藏期间脱叶,减少贮藏损失。

17．芸苔素内酯处理增加甘蓝产量

用量　将每袋 2 克芸苔素内酯用 0.2 升温水(50℃～60℃)溶解,再倒入 15～20 升冷水,搅匀。

使用方法　在甘蓝莲座期进行喷洒。

效果　甘蓝包球早,球苞大且紧,增产 15%～30%。

18．三十烷醇喷施促进甘蓝生长

使用方法　在甘蓝的莲座期至包心初期,用浓度为 0.5 毫克/升的三十烷醇,隔 5～7 天喷施 1 次,共喷 2～3 次,每次每 667 平方米喷药液 50 升。为了增加药液在叶面的黏着力,可在药液中加入少量的洗衣粉。

效果　可使甘蓝叶片增大,产量增加,提早成熟和提高品质。株高增加 26.5%～30.5%,平均每 667 平方米增产 671.1 千克,同时可使维生素 C 增加 7.1%,可溶性糖增加 13.2%,叶球干物质增加 8.9%,纤维素含量降低 18.6%。

注意事项　①甘蓝应用三十烷醇要控制使用浓度。②应选晴天下午 3 时以后喷施,有利于三十烷醇从气孔进入植物体内,从而提高喷施效果。

二、花椰菜

1. 石油助长剂浸种提高花椰菜种子发芽率

使用方法 在花椰菜播种前,用 0.005%～0.05% 石油助长剂溶液浸种 12 小时。

效果 可提高花椰菜种子发芽率。

2. ABT 增产灵浸根促进花椰菜生长

使用方法 用 10 毫克/升 ABT 5 号增产灵溶液于花椰菜移栽时浸根 20 分钟。

效果 可缩短花椰菜移栽缓苗期,根茎粗壮,叶片数增多,一般增产 20%～30%。

3. 整形素喷洒提早花椰菜成熟

使用方法 用 1 000 毫克/升整形素药液在花椰菜展开 12～14 片叶时均匀喷洒。

效果 经处理,可提早花椰菜成熟,使花椰菜采收提早 5～7 天。

4. 赤霉素喷洒提高花椰菜产量

使用方法 在花椰菜长到 6～8 片叶、茎直径达 0.5～1 厘米时,用 100 毫克/升赤霉素喷洒植株。

效果 经赤霉素处理后,可提早花球形成,提前 10～25 天采收。特别是对晚熟品种的效果更明显,增产更显著。

5. 青鲜素喷洒抑制花椰菜抽薹

使用方法 在花椰菜花芽分化后尚未伸长时,用 2 000～3 000 毫克/升青鲜素溶液进行喷洒,每 667 平方米用药量 50 升左右。

效果 经处理,可抑制薹的伸长,裂球减少,使健全无损的花椰菜增加。

6．三十烷醇处理提高花椰菜产量

使用方法　在 90 天中熟种花椰菜圆棵期和初花期用 0.5~1 毫克/升三十烷醇"927"制剂进行叶面喷洒，在上述各期各喷叶 2 次，各次之间相隔 1 周。

效果　经处理后，可显著提高花椰菜花球产量。

7．石油助长剂喷洒提高花椰菜产量

使用方法　用 0.05% 石油助长剂溶液于花椰菜包心期进行叶面喷洒，每 667 平方米用药量 40 升。

效果　经处理可提高花椰菜产量，叶球干重增加 8.9%，维生素 C 增加 7.1%，可溶性糖增加 13.2%，纤维素降低 18.6%。

8．赤霉素处理促进花椰菜开花

使用方法　用 500 毫克/升赤霉素滴花椰菜的花球，每隔 1~2 天滴 1 次。

效果　经处理，可促进花椰菜花梗生长和开花。

9．矮壮素喷洒抑制花椰菜抽薹

使用方法　于花椰菜抽薹前 10 天，用 4 000~5 000 毫克/升矮壮素溶液进行叶面喷洒，每 667 平方米用药量 50 升。

效果　经处理，可以明显抑制花椰菜的抽薹，保持较好的品质。

10．2,4-D 喷洒延长花椰菜贮期

使用方法　用 10~50 毫克/升 2,4-D 于花椰菜采收前在田间进行喷洒。

效果　花椰菜处理后，在温度 9℃、相对湿度 90% 的条件下，可延长贮藏期 18 天以上。

11. 6-BA 与 2,4-D 混合液喷洒延长花椰菜贮期

使用方法　用 10～50 毫克/升 6-BA 与 2,4-D 的混合液于采收前在田间喷洒花椰菜。

效果　花椰菜在温度 9℃、相对湿度 90% 的条件下贮藏，可延长贮期 18 天以上，并可以防止叶片的脱落及延缓叶色变黄，效果优于单独使用其中 1 种。

12. 萘乙酸甲酯处理防止花椰菜脱叶

使用方法　在花椰菜采收后，先将萘乙酸甲酯喷到纸条上，然后将纸条混入花椰菜一同贮藏。每 1 000 个花球需用萘乙酸甲酯 50～200 克。

效果　经萘乙酸甲酯处理，可显著减少脱叶，延长贮藏期。

第五章　植物生长调节剂
在绿叶菜类生产中的应用

绿叶菜是主要以柔嫩的绿叶、叶柄和嫩茎为食用部分的速生蔬菜。我国栽培的绿叶菜种类多，资源丰富，主要包括莴苣、芹菜、菠菜、茼蒿、荠菜、茴香、苋菜等。由于这类蔬菜种类繁多、适应性广、生长期短、采收期灵活，在蔬菜的周年均衡供应方面占有不可替代的重要地位。

绿叶菜类蔬菜富含各种维生素和矿物质，含氮物质丰富，是营养价值比较高的蔬菜。绿叶菜是维生素 C 主要来源之一。绿叶菜中的胡萝卜素的含量也比较高，能很好地满足人体胡萝卜素的需求。另外，在绿叶菜中还含有叶酸、胆碱、钙、铁、磷等，是孕妇和哺乳母亲的重要食品。绿叶菜还具有食疗功效,被国外誉为"绿色的精灵"。

绿叶菜类在生物学特性及栽培技术上有许多共同特点:

第一,绿叶菜对温度要求分为两类。一类原产在亚热带,需要温和气候,喜冷凉绿叶菜生长适温15℃~20℃,适宜于秋播秋收、春播春收或秋播翌年春收。在冷凉的条件下栽培,产量高,品质好,在高温或高温干旱条件下品质降低,如菠菜叶变小、变薄,涩叶增加。另一类原产在热带,喜温怕冷,生长适温20℃~25℃,10℃以下停止生长,遇霜易冻死,如苋菜、蕹菜等,但比较耐夏季高温,适宜春播夏收或夏播夏收,对增加夏季叶菜种类,特别是对解决早秋淡季有重要作用。

第二,多数绿叶菜根系较浅,在单位面积上种植数较多。绿叶菜由于生长迅速,生长期短,所以在单位时间内形成单位重量的产品,吸收的营养元素都比较多,因此对土壤和水肥条件要求较高,对养分需要比较严格。基肥、追肥都应施用速效性肥,要求勤施薄施,以保证不断生长的需要。尤其是氮肥要充足,氮肥不足,植株矮小,叶少,色黄而粗糙,失去食用价值。

第三,绿叶菜的食用部分都是营养器官。要使营养器官,特别是作为同化器官的叶片充分发育,是栽培和调控技术的关键。如果苗端早期花芽分化,则叶数不再增加,而且由于营养物质大量流入生殖器官,使营养器官发育不良,品质也会大大降低。所以促进营养器官的充分发育,防止未熟抽薹是绿叶菜类的共同性问题。喜冷凉的绿叶菜是低温长日照作物。但多数绿叶菜如菠菜、莴苣的花芽分化并不需要经过较低的温度条件,而它们的抽薹开花对长日照敏感,在长日照条件下伴以适温便迅速抽薹开花,影响叶片的生长,从而降低品质。相反在短日照条件下和伴以适宜的低温能促进叶的生长,有利于提高产量和品质。喜温的绿叶菜如苋菜是高温短日照作物,在春播条件下性器官出现晚,收获期长,而在秋播条件下性器官出现早,收获期较短。

一、莴苣

1. 赤霉素浸种打破莴笋种子休眠

使用方法　用25～100毫克/升赤霉素溶液浸莴笋种子3分钟,然后取出晾干播种。

效果　以赤霉素浸种,可打破莴笋种子休眠,提高发芽率。

2. 激动素处理打破莴苣种子休眠

使用方法　用100毫克/升激动素溶液在莴苣播种前浸种3分钟。

效果　可克服莴苣种子在高温下诱导的休眠。

3. 6-BA浸种提高莴笋种子发芽率

使用方法　用100毫克/升6-BA浸泡莴笋种子3分钟。

效果　在秋季高温季节播种的莴笋,经处理后,可提高发芽率67%。

4. 青鲜素处理促进莴笋抽薹

使用方法　在莴笋幼苗生长期间,用100毫克/升青鲜素药液处理。

效果　经处理,能促进莴笋抽薹开花。

5. 赤霉酸处理促进莴苣抽薹

使用方法　对留种的结球莴苣,在4～8叶期用3～10毫克/升赤霉酸喷洒植株。

效果　经处理的莴苣,可在结球前抽薹并增加种子产量,种子提早2周成熟,成熟度整齐,质量较佳。

6. ABT增产灵浸根提高莴笋产量

使用方法 用浓度为10毫克/升ABT 5号增产灵溶液浸莴笋根20分钟。

效果 可使幼苗根系发达,笋茎粗壮,一般增产25%~30%。

7. 矮壮素处理提高莴苣产量

使用方法 在莴苣植株叶片充分生长后,用350毫克/升矮壮素药液喷洒叶面,每5~7天1次,共喷2~3次。

效果 经处理,可使莴苣茎部粗壮,提高其商品质量和产量。

注意事项 喷药后3~4小时内如降水应补喷;用药应与加强田间肥水管理等结合起来,才能取得明显效果。

8. 青鲜素喷洒抑制莴笋抽薹

使用方法 在莴笋茎部开始膨大时,用2 500~3 000毫克/升青鲜素喷洒,每隔3~5天喷1次,喷2~3次。

效果 莴笋经青鲜素处理后,能明显抑制抽薹开花,促进茎增粗,提高产量,增进品质。

9. 比久喷洒抑制莴笋抽薹

使用方法 在莴笋茎部开始膨大时,用4 000~8 000毫克/升比久喷洒,每隔3~5天喷1次,喷2~3次。

效果 莴笋用比久处理后,能明显抑制抽薹,促进茎增粗,提高产量,增进品质。

10. 赤霉素喷洒提高莴笋产量

使用方法 在莴笋采收前10~20天或莴笋植株有10~15片叶时,用10~40毫克/升赤霉素喷洒;对食用嫩茎和叶的莴笋,在后期可用2~10毫克/升赤霉素喷洒。

效果　莴笋用赤霉素处理后,可提早 10 天收获,增产 12%~44.8%;对食用嫩茎和叶的莴笋,可增产 10% 左右。

11. 6-BA 处理延迟莴苣衰老

使用方法　在莴苣收获前用 5~10 毫克/升 6-BA 溶液进行田间喷洒,或收获后用 6-BA 处理。

效果　可使莴苣包装后保持鲜绿的时间延长 3~5 天。于收获后 1 天用 2.5~10 毫克/升 6-BA 喷洒莴苣,效果最佳。

12. 三十烷醇喷洒提高莴苣产量

使用方法　用 0.5 毫克/升三十烷醇溶液在莴苣采收前半个月进行叶面喷施。

效果　经处理的莴苣可增产约 8%。

13. 芸苔素内酯处理提高莴苣产量

使用方法　将每袋 2 克芸苔素内酯用 0.2 升温水(50℃~60℃)溶解,再倒入 15~20 升冷水,搅匀后进行喷洒。

效果　莴苣生长快,茎粗,叶嫩,增产 10%~35%。

二、菠　菜

1. 三十烷醇浸种提高菠菜种子发芽率

使用方法　用每支 10 毫升含三十烷醇 20 毫克的乳剂,加 400 升清水稀释(即浓度为 0.5 毫克/升)。浸菠菜种子 24 小时后置室温下催芽。

效果　1 周后经处理的菠菜种子发芽率达 90%。对照无一发芽。

2. 三十烷醇喷洒提高菠菜产量

使用方法　在菠菜苗期,每 667 平方米用 50 毫升三十烷醇加水 50 升喷施。

效果　经处理,可提高菠菜的产量和品质,一般增产幅度为 10%～20%。

注意事项　使用浓度不宜过高,在烈日和雨天不宜使用,不能与除草剂混用。

3. 增产灵喷洒提高菠菜产量

使用方法　用 20 毫克/升增产灵溶液于菠菜生长期喷施 1～2 次。

效果　经处理,可促进菠菜生长,改善品质,提高产量。

注意事项　喷施时要尽量避开烈日,施药后 6 小时内遇雨应补施。

4. 赤霉素喷洒提高菠菜产量

使用方法　在菠菜长到 5～6 片叶时,每隔 5～6 天叶面喷洒 10～20 毫克/升赤霉素溶液,喷 2 次。

效果　经赤霉素处理后,可提早收获 1 周,增产 20% 左右。在早春或晚秋使用赤霉素,更能提高产量,提早收获。

5. 叶面宝喷洒提高菠菜产量

使用方法　在菠菜生长期,每 667 平方米用 5 毫升叶面宝加水 40～50 升,均匀喷洒菠菜茎叶。

效果　经处理,可促进菠菜生长,增强抗逆性,提高产量。

注意事项　一般应在晴天下午 3 时后喷洒,喷后 6 小时内遇雨应补喷。

6. 整形素处理抑制春菠菜抽薹

使用方法　用 500～1 000 毫克/升整形素药液在春菠菜抽薹前喷洒植株。

效果　经处理,可抑制春菠菜抽薹,提高品质。

7. 6-BA 喷洒防止菠菜衰老

使用方法　在菠菜采收前用 10～20 毫克/升 6-BA 喷洒

植株,或在采收后浸植株片刻。

效果　延缓菠菜叶变色和衰老,起到保鲜作用,延长运输和贮藏时间,提高菠菜的食用品质和商品价值。

8. 芸苔素内酯处理提高菠菜产量

用量　将每袋2克芸苔素内酯用0.2升温水(50℃～60℃)溶解,再倒入15～20升冷水,搅匀。

使用方法　在菠菜4～5片叶期进行喷洒。

效果　经处理的菠菜,叶大而厚,质嫩,增产20%～35%。

9. 嗪酮·羟季胺合剂喷洒控制菠菜抽薹

使用方法　用嗪酮·羟季胺合剂80～100倍液在菠菜抽薹前进行全株喷洒。

效果　可控制菠菜抽薹。

三、芹　菜

1. 细胞分裂素浸种培育芹菜壮苗

使用方法　用细胞分裂素6 000倍液浸芹菜种子8～24小时,在暗处晾干后播种。

效果　对促进芹菜壮苗早发具有明显效果。

注意事项　使用浓度过高时,对作物幼芽及生长具有抑制作用。

2. 三十烷醇喷洒提高芹菜产量

使用方法　在芹菜苗期,每667平方米用50毫升三十烷醇加水50升喷施。

效果　经处理,可提高芹菜的产量和品质,一般增产幅度为10%～20%。

注意事项　使用浓度不宜过高,在烈日和雨天不宜使用,不能与除草剂混用。

3. 叶面宝喷洒提高芹菜产量

使用方法　在芹菜生长期,每 667 平方米用 5 毫升叶面宝加水 40～50 升,均匀喷洒茎叶。

效果　经处理,可促进芹菜生长,增强抗性,提高产量。

注意事项　一般应在晴天下午 3 时后喷洒,喷后 6 小时内遇雨应补喷。

4. 增产灵喷洒增加芹菜产量

使用方法　用 20 毫克/升增产灵溶液于芹菜生长期喷施 1～2 次。

效果　经处理,可促进芹菜生长,改善品质,增加产量。

注意事项　喷施时要尽量避开烈日,施药后 6 小时内遇雨应补施。

5. 邻氯苯氧丙酸喷洒延缓芹菜抽薹

使用方法　在芹菜低温诱导开花以前,花原基尚未分化时,用 100 毫克/升邻氯苯氧丙酸喷洒植株。

效果　能显著地抑制芹菜的抽薹,从而促进产品器官的形成和产量的增加。

6. 赤霉素喷洒提高芹菜产量

使用方法　在芹菜采收前 15～30 天开始,每隔 3～4 天用 20～50 毫克/升赤霉素对准心叶或全株喷 2 次。温度低时,浓度高些;温度高时,浓度低些。单株用药量 7～10 毫升。

效果　用赤霉素处理后,芹菜植株高度增加,叶数增多,叶柄增粗、白而质软,可提前上市,产量增加 26.5%～26.7%。

注意事项　高温季节(3～6 月)收获的芹菜不宜用赤霉

素喷洒。

7. 芸苔素内酯喷洒促进芹菜生长

使用方法 在芹菜立心期,用0.1毫克/升芸苔素内酯进行叶面喷雾,或在收获前10天再叶面喷施1次。

效果 芹菜立心期喷施增产效果较好。在收获前再喷施1次可提高生理活性和增强抗逆力,适合远途贮运。

注意事项 芹菜喷施芸苔素内酯后,总糖含量和维生素均略有下降,所以在喷施前后应加强肥水管理,改善光合作用条件,以促进同化作用。

8. 芸苔素内酯处理提高芹菜产量

用量 每袋2克芸苔素内酯用0.2升温水(50℃~60℃)溶解,再倒入15~20升冷水,搅匀。

使用方法 在芹菜苗期、生长期进行喷洒。

效果 芹菜生长快,植株嫩,纤维软,增产。

9. 噻唑隆处理保持芹菜绿色

使用方法 在芹菜采收后,用1~10毫克/升噻唑隆喷洒绿叶。

效果 可使芹菜叶片较长时间保持绿色。

注意事项 处理后24小时内勿淋雨水。

10. 绿兴植物生长剂喷洒提高芹菜产量

使用方法 在芹菜收获前15~20天,用10%绿兴植物生长剂1 000~2 000倍液喷洒1~2次。

效果 可减轻芹菜病害,增加株高,增加茎叶,茎叶嫩绿金黄有光泽,显著提高商品价值和产量。

11. 6-BA喷洒防止芹菜衰老

使用方法 在芹菜采收前用10~20毫克/升6-BA喷洒植株,或在采收后浸植株片刻。

效果 延缓芹菜叶变色或衰老,起到保鲜作用,延长运输和贮藏期,提高食用品质和商品价值。

12．三十烷醇喷施促进芹菜生长

使用方法 在芹菜定植后,用浓度 0.5 毫克/升三十烷醇每 667 平方米喷 50 升,以后每隔 10 天左右喷 1 次,共喷 3~4 次,在收割前半个月停止喷施。

效果 可以促进芹菜植株生长,增加产量,提高叶绿素含量,增强光合作用,且品质也有提高,维生素 C 含量提高 6.93%,含糖量增加 3.7%。

注意事项 ①喷施三十烷醇时,为了增加药液的黏着性,可在三十烷醇药液中加入少量的洗衣粉。②在收获前 15~20 天施用三十烷醇是增产的关键。③冬季芹菜施用三十烷醇,应注意保温措施,使其发挥更大的增产效用。

13．赤霉素喷洒促进芹菜生长

使用方法 在芹菜采收前 15 天左右,喷施赤霉素 50 毫克/升,每 667 平方米喷药液 40~50 升。

效果 可增强芹菜抗寒力,叶色变淡,生长加快,可食用部分的叶柄变长、纤维素少,产量增加 20% 左右。

注意事项 ①芹菜喷施赤霉素时,浓度不能过高,以免使植株过于细长。②喷施赤霉素后的 1~2 天内要增施肥料。③要适时采收,防止植株老化。

四、其　他

1．赤霉素处理提高芫荽产量

使用方法 用 20 毫克/升赤霉素溶液喷洒芫荽植株 2~3 次。

效果　经赤霉素喷洒,可促进芫荽生长,提高其产量。

注意事项　留种用的芫荽不能用赤霉素喷洒。

2. 绿兴植物生长剂喷施提高芫荽产量

使用方法　在芫荽生长盛期,用10%绿兴植物生长剂1 000倍液喷施1~2次。

效果　经处理,可提高芫荽产量20%~30%,茎叶有光泽,口味好。

3. 芸苔素内酯处理提高苋菜产量

用量　将每袋2克芸苔素内酯用0.2升温水(50℃~60℃)溶解,再倒入15~20升冷水,搅匀。

使用方法　在苋菜苗期、生长期进行喷洒。

效果　苋菜生长快,叶厚大,茎粗、鲜嫩,增产20%~45%。

4. 三十烷醇喷施提高苋菜产量

使用方法　用0.5毫克/升三十烷醇溶液在苋菜3叶期喷施1次,隔几天后再喷1次。

效果　经处理后的苋菜表现长势旺盛,叶片肥厚,有增产效果。

5. 赤霉素喷洒提高苋菜产量

使用方法　用20毫克/升赤霉素溶液喷洒苋菜植株2~3次。

效果　经处理,可促进苋菜生长,提高其产量。

注意事项　留种苋菜不能用赤霉素处理。

6. 赤霉素喷洒提高茼蒿产量

使用方法　在茼蒿收获前5~7天或在植株具有10片叶子前后,用20~50毫克/升赤霉素药液进行喷洒。

效果　经处理,茼蒿一般增产20%~30%。

7. 芸苔素内酯处理增加藤菜产量

用量 将每袋 2 克芸苔素内酯用 0.2 升温水(50℃～60℃)溶解,再倒入 15～20 升冷水,搅匀。

使用方法 在藤菜生长期进行喷洒。

效果 藤菜发尖多,叶厚鲜嫩,增产 20%～60%。

8. 芸苔素内酯喷洒提高生菜产量

用量 每袋 2 克芸苔素内酯用 0.2 升温水(50℃～60℃)溶解,再倒进 15～20 升冷水,搅匀。

使用方法 在生菜苗期、生长期进行喷洒。

效果 经处理,生菜生长快,鲜嫩,口感好,增产 15%～30%。

第六章 植物生长调节剂在
根菜类生产中的应用

根菜类蔬菜是指以肥大的肉质直根为食用器官的一类蔬菜,根菜类在中国和世界蔬菜中占有极为重要的地位。在我国栽培最广的是萝卜和胡萝卜,其次是大头菜、芜菁甘蓝、芜菁。我国萝卜的栽培面积及产量仅次于西瓜、大白菜和马铃薯。胡萝卜在欧美是一种重要的四季供应的蔬菜,我国近年也从秋冬栽培发展到春夏季栽培而实现周年生产。

根菜类对土壤及气候的适应性广,生长快,产量高,栽培管理较简易。根菜类为主根系蔬菜,适于土层深厚、肥沃、疏松、排水良好的砂壤土栽培。土壤瘠薄、黏重、多石砾,易产生畸形根,影响品质。根菜类原产于温带,多为半耐寒性的 2 年生植物,在低温短日照下,即在秋季冷凉气候下有利于肉质根生长,翌年春季高温长日照下开花结实。

根菜类蔬菜多用种子繁殖,其中作加工用的大头菜、芜菁和芜菁甘蓝,生长于地面上的根头部发达,而生长于地下部的根颈和真根部比例小,可先育苗再移栽。其他根菜以地下部真根生长为主的萝卜、胡萝卜等都行直播,以获得优质的肉质根,但辣根则用扦插繁殖。

根菜类蔬菜可供炒、煮、加工与生食,耐运输贮藏,不但为冬季主要的蔬菜,并且它们的类型品种很多,一年四季都可栽培。根菜中富含碳水化合物、维生素与矿物质,可以调节生理机能,增进健康。其中胡萝卜的营养价值最高,除含多量的糖分外,且含有大量的胡萝卜素。萝卜中含有淀粉酶和芥辣油,作水果生吃能助消化。此外,根菜的加工制品也是出口商品,远销东南亚各地。根菜也是家畜的良好饲料。

根菜类在营养生长过程中,茎叶的生长和肉质根的膨大具有一定的顺序性和相关性。最初是吸收根的生长比叶的生长快,而后转变为同化器官与肉质根同时生长,最后则主要为贮藏器官的生长。可见,要想获得高产,前期要促进营养器官和吸收器官的迅速生长,使植株能充分吸收水分和养分,使叶片充分进行光合作用,制造营养物质,供应营养体的需要;当营养生长到一定程度的时候,就应控制它的生长,又要延长叶片的寿命和生活力,保持比较高的光合能力,把制造的养分向肉质根中运输、贮藏,以达到丰产的目的。

2年生根菜植株经秋冬季低温春化,营养苗端转变为生殖苗端而进入生殖生长期,翌春长日照高温下,抽薹开花结实,完成其生活周期。根菜类在种子萌动或植株长到一定大小时,能感受低温通过春化形成花芽,花芽的形成会影响肉质根的产量和品质,故生产上应防止早期抽薹。

一、萝卜

1. 细胞分裂素浸种培育萝卜壮苗

使用方法　用细胞分裂素6 000倍液浸萝卜种子8～24小时,在暗处晾干后播种。

效果　经处理,对促进萝卜壮苗早发具有明显效果。

注意事项　使用浓度过高时,对作物幼芽及生长有抑制作用。

2. ABT增产灵浸种加速萝卜生长

使用方法　用5～10毫克/升ABT 5号增产灵溶液浸泡萝卜种子4小时。

效果　经处理,可加速萝卜幼苗生长,提高抗旱性,增加产量。

3. 整形素喷洒提高萝卜品质

使用方法　用10毫克/升整形素药液在萝卜4～5片叶时均匀喷雾。

效果　经处理,可以减少萝卜空心,提高品质。

4. 石油助长剂喷洒提高萝卜产量

使用方法　于萝卜出苗后2周,用0.005%石油助长剂药液进行叶面喷洒,每667平方米药液用量50升。

效果　能促进萝卜生长和肉质根肥大,品质细嫩,一般可增产10%～24%。

5. 绿兴植物生长剂喷洒提高萝卜品质

使用方法　于萝卜肉质根形成期,用10%绿兴植物生长剂1 000～2 000倍液进行叶面喷洒,每667平方米药液用量30～40升,喷1～3次,喷匀。

效果　能促进萝卜生长和肉质根肥大,品质细嫩,一般可增产10%～24%。

6. 多效唑喷施促进萝卜增产

使用方法　在萝卜肉质根形成初期,用100～150毫克/升多效唑药液进行叶面喷洒,每667平方米用药液30～40升。一般一季萝卜喷施1次多效唑即可。

效果　可抑制萝卜植株徒长,并使植株叶色加深,叶片短而挺立,增加光合作用,促进光合产物向肉质根输送,一般可增产10%～15%。

注意事项　要严格控制浓度,防止重喷;用多效唑时要针对萝卜叶面喷洒,减少多效唑在土壤中的残留。

7. 2,4,5-T 喷洒抑制萝卜萌芽

使用方法　在萝卜采收前3周,用100毫克/升2,4,5-T喷洒植株。

效果　经处理,可防止萝卜贮藏期间萌芽,延长供应期。

8. 2,4-D 处理延长萝卜贮藏期

使用方法　在萝卜收获前14天,用30～80毫克/升2,4-D进行田间喷洒,或对去叶带顶萝卜贮藏前喷洒。

效果　可明显地抑制萝卜发芽生根,防止糠心并增进萝卜品质。

注意事项　若2,4-D浓度过高会降低萝卜品质,贮藏后期容易造成腐烂。

9. 萘乙酸甲酯处理抑制萝卜发芽

使用方法　在萝卜采收后,用2%萘乙酸甲酯油剂(即每1 000千克萝卜用20～30克萘乙酸甲酯)均匀喷洒;或将2%萘乙酸甲酯均匀喷在干土或纸屑上,然后将萝卜与干土或纸屑混在一起,用草遮盖进行贮藏。

效果　用萘乙酸甲酯处理后可抑制萝卜发芽,延长贮藏期。

10．青鲜素喷洒抑制萝卜发芽

使用方法　在萝卜采收前 4～14 天,用 2 500～5 000 毫克/升青鲜素在田间喷洒叶面。

效果　经青鲜素喷洒的萝卜,采收后贮藏可延长达 3 个月。

11．芸苔素内酯处理提高萝卜产量

用量　将每袋 2 克芸苔素内酯用 0.2 升温水(50℃～60℃)溶解,再倒入 15～20 升冷水,搅匀。

使用方法　在萝卜莲座期进行喷洒。

效果　萝卜块根成熟早,味甜,抗软腐病,增产 15%～50%。

12．嗪酮·羟季铵合剂喷洒控制萝卜抽薹

使用方法　用嗪酮·羟季胺合剂 80～100 倍液在萝卜抽薹前进行全株喷洒。

效果　可控制萝卜抽薹。

13．羟季铵·萘合剂喷洒增加萝卜块根产量

使用方法　用 300～600 毫克/升的羟季铵·萘合剂药液,在初花期或块根开始膨大时进行叶面喷雾,生长旺盛的可喷 2～3 次,间隔 10～15 天。

效果　可提高萝卜光合作用效率,促进有机物质的运输,增加块根产量。

注意事项　在喷后 12 小时遇雨可适当补喷,缺水少肥或瘦弱的勿用。

14．三十烷醇喷施促进萝卜增产

使用方法　在萝卜肉质根开始膨大期,用浓度 0.5 毫克/

升三十烷醇每667平方米喷施50升,药后间隔8~10天再喷施1次,共喷2~3次。

效果 施用三十烷醇后,萝卜肉质根生长快,心髓部细,提高了食用价值,使产量增加24%。

注意事项 ①喷施时药液量要足,雾点要细,喷施要均匀。②喷施时可与其他农药和微量元素混用。

二、胡 萝 卜

1. ABT增产灵浸种促进胡萝卜生长

使用方法 用20毫克/升ABT 5号增产灵浸胡萝卜种子0.5小时后播种。

效果 可促进胡萝卜生长和肉质根肥大,增加产量,改善品质。

2. 石油助长剂喷洒促进胡萝卜生长

使用方法 于胡萝卜出苗后2周,用0.005%石油助长剂药液进行叶面喷洒,每667平方米用药液量50升。

效果 可促进胡萝卜生长和肉质根肥长,品质细嫩,一般可增产10%~20%。

3. 比久喷洒促进胡萝卜生长

使用方法 胡萝卜在间苗后,用2 500~3 000毫克/升比久药液喷洒茎叶。

效果 喷洒后可有效地抑制胡萝卜地上部生长,促进肉质根的生长。

注意事项 在水肥条件严重不足的条件下使用,可能会导致大幅度减产。

4. 绿兴植物生长剂喷洒提高胡萝卜品质

使用方法 于胡萝卜肉质根形成期,用10%绿兴植物生长剂1 000～2 000倍液进行叶面喷洒,每667平方米用药液30～40升,喷1～3次,喷匀。

效果 能促进胡萝卜生长和肉质根肥大,品质细嫩,一般可增产10%～24%。

5. 2,4,5-T 喷洒抑制胡萝卜萌芽

使用方法 在胡萝卜采收前3周,用100毫克/升2,4,5-T喷洒植株。

效果 经处理,可防止胡萝卜贮藏期间萌芽,延长供应期。

6. 萘乙酸喷洒抑制胡萝卜萌芽

使用方法 在胡萝卜采收前4天,用1 000～5 000毫克/升萘乙酸喷洒叶面。

效果 经处理后的胡萝卜,在贮藏温度较低的情况下,可以有效地抑制贮藏期间的萌芽。

7. 青鲜素喷洒抑制胡萝卜萌芽

使用方法 在胡萝卜采收前4～14天,用2 500～5 000毫克/升青鲜素在田间行叶面喷洒。

效果 经青鲜素喷洒后的胡萝卜,可延长贮藏期达3个月。

8. 青鲜素喷洒抑制胡萝卜抽薹开花

使用方法 在胡萝卜抽薹前,用1 000～3 000毫克/升青鲜素喷洒,每667平方米用药量40～50升。

效果 胡萝卜喷洒青鲜素后,抽薹开花被抑制,上市时间延长,提高产量,增进品质。

9. 矮壮素喷洒抑制胡萝卜抽薹开花

使用方法　在胡萝卜抽薹前,用4 000~8 000毫克/升矮壮素喷洒,每667平方米用药量40~50升。

效果　在胡萝卜抽薹前用矮壮素喷洒可抑制抽薹、开花,上市时间延长,提高产量,增进品质。

10. 萘乙酸甲酯处理抑制胡萝卜萌芽

使用方法　在胡萝卜采收后,用2%萘乙酸甲酯油剂(即每1 000千克胡萝卜用20~30克萘乙酸甲酯)均匀喷洒;或将2%萘乙酸甲酯均匀喷在干土或纸屑上,然后将胡萝卜与干土或纸屑混在一起,用草遮盖进行贮藏。

效果　用萘乙酸甲酯处理后,可抑制胡萝卜发芽,延长其贮藏期。

11. 三十烷醇喷施促进胡萝卜增产

使用方法　在胡萝卜肉质根开始膨大期,用浓度0.5毫克/升三十烷醇每667平方米喷施50升,药后间隔8~10天再喷施,共喷2~3次。

效果　施用三十烷醇后胡萝卜品质有较大的提高,维生素C含量增加21.05%,含糖量提高28.4%,产量增加12%~13.7%。

注意事项　①喷施时药液量要足,雾点要细,喷施要均匀。②喷施时可与其他农药和微量元素混用。

三、其　他

1. 2,4,5-T处理抑制大头菜萌芽

使用方法　在大头菜采收前3周,用100毫克/升2,4,5-T喷洒植株。

效果　经处理,可防止大头菜贮藏期间萌芽,延长供应期。

2. 青鲜素喷洒抑制芜菁萌芽

使用方法　芜菁采收前4～14天,用浓度2 500～5 000毫克/升青鲜素喷洒叶面。

效果　可抑制芜菁萌芽,延长贮藏期3个月。

第七章　植物生长调节剂在白菜类生产中的应用

　　白菜原产于中国,属于十字花科芸薹属,目前是中国蔬菜中栽培面积最大的一类蔬菜。白菜类品种繁多,高产、易种、适应性广,风味佳美,营养丰富。产品有绿叶、叶球、花薹、嫩茎等。白菜类蔬菜的矿物质、纤维素、蛋白质、糖和脂肪的含量也相当高,食用方法多种多样,其性平味甘,具有解热清火、利尿、助消化、清肺止咳等功效。

　　白菜类都属于喜凉性作物,最适宜栽培季节的月均温是15℃～18℃。白菜类蔬菜种子萌动后或苗期阶段,在15℃以下温度条件下,经过一定时期都可完成春化过程。较长日照和较高温度(18℃～22℃)下,有利于抽薹开花和结实。白菜类蔬菜叶面积大,蒸腾量大,根系浅而吸水弱,不耐干旱,也不耐瘠薄,需要保水保肥和排水便利的土壤栽培。白菜类可分为大白菜和白菜。

　　大白菜性喜冷凉气候,生长适温为10℃～22℃,一般高于25℃、低于10℃均生长不良;30℃以上、5℃以下,停止生长,耐轻霜不耐严霜。大白菜宜选土层深厚、肥沃、松软、排灌良好的砂壤土、壤土和黏壤土为适。南方各省大白菜均作为2年生蔬菜栽培,在当年秋冬季以营养生长为主的阶段,通过发芽期、幼苗期、莲座期、结球期,形成硕大的叶球,并孕育花原基或花芽,经过休眠或贮藏期,于第2年春季进入抽薹、开花、结实和种子成熟,完成生殖生长阶段而结束一个世代的发育。大白菜生长发育过程有周期性也有连续性。在栽培管理上为保证后一时期生长良好,必须先使前一时期生长良好,例如有强健的幼芽才能有健壮的幼苗;有健壮的幼苗才能有旺盛的莲座;有旺盛的莲座才能保证长成丰产优质的叶球。

白菜,又称小白菜,与大白菜的主要区别在于叶片开张,株型较矮小,是性喜冷凉的蔬菜,在平均气温18℃~20℃下生长最适,比大白菜适应性广,耐热、耐寒力较强。白菜对光照的要求较高,阴雨弱光下易徒长,品质下降。白菜对土壤的适应性较强。白菜品种间对外界环境的适应性广,且在营养生长期间不论植株大小,均可收获作为产品,可以周年生产与供应。

一、大 白 菜

1. 萘乙酸浸蘸促进大白菜扦插生根

使用方法　取大白菜叶片,切一段中肋,带有1个侧芽(腋芽)及一小块茎组织,在1 000~2 000毫克/升萘乙酸溶液中快速浸蘸茎切口底面,然后扦插在砂与菜园土1:1的混合基质上。

效果　采用"叶—芽"扦插法,结合使用萘乙酸促根,能使每一片叶子繁殖成一个独立的植株,成活率达85%~95%。

注意事项　在萘乙酸溶液中浸蘸时不要蘸到芽,否则会影响发芽,扦插后一般要求温度为 20℃～25℃,相对湿度为95％。

2. 细胞分裂素浸种培育大白菜壮苗

使用方法　用细胞分裂素6 000倍液浸大白菜种子8～24小时,在暗处晾干后播种。

效果　经处理,对促进大白菜壮苗早发具有明显效果。

注意事项　使用浓度过高时,对作物幼芽及生长有抑制作用;应在大白菜结球前1个月停止使用该药,否则会推迟结球。

3. 绿兴植物生长剂喷施提高大白菜产量

使用方法　用10％绿兴植物生长剂1 000～2 000倍液于大白菜定植初、莲座期、叶球形成期喷施3～4次,每667平方米喷施50升药液。

效果　可促进大白菜生根,减轻病害,促进生长,改善品质,提早成熟,增产20％～30％。

4. 细胞分裂素处理提高大白菜产量

使用方法　于大白菜莲座期至包心期,用细胞分裂素600倍液进行叶面喷洒,每667平方米用药量50～70升。

效果　具有促进生长,减轻病害的作用。

5. 叶面宝喷洒提高大白菜产量

使用方法　大白菜于开始结球时,每隔10天喷1次,共喷4次,每次每667平方米用叶面宝5毫升,加水55升。

效果　叶面宝处理后大白菜增产17.3％。

6. 增产灵喷洒提高大白菜产量

使用方法　用20～30毫克/升增产灵溶液于大白菜包心期喷施1次,间隔7～10天再喷1次。

效果　经处理,能促进大白菜生长,改善品质,提高产量。

注意事项　喷施时要尽量避开烈日,施药后 6 小时内遇雨应补施。

7. 青鲜素处理抑制大白菜抽薹

使用方法　在大白菜已包心成球、花芽已形成但还未伸长前,喷洒 1 000～3 000 毫克/升青鲜素。

效果　青鲜素喷洒大白菜,可抑制薹的伸长,促进叶的生长和叶球的形成,并使裂球减少,延长大白菜的上市时间。

8. 萘乙酸处理防止大白菜脱帮

使用方法　在大白菜包心期或收获前 2 周,用 200 毫克/升萘乙酸溶液喷洒全株。

效果　萘乙酸喷洒后可防止大白菜在贮藏期间脱帮。

9. 2,4-D 钠盐处理防止大白菜脱帮

使用方法　在大白菜采收前 3～5 天,喷施 25～50 毫克/升 2,4-D 钠盐。

效果　可有效地防止大白菜在贮藏期间脱帮,减少损失。

10. 2,4-D 喷洒防止大白菜脱帮

使用方法　在大白菜收获前 3～5 天,叶面喷洒 50 毫克/升 2,4-D,喷洒量以大白菜外部叶片喷湿为度,每株喷洒量为 30～50 毫升,如喷药后 5 小时内遇雨,则需补喷。此外,也可在晒菜后入窖前或入窖后,对外叶叶柄基部喷洒,喷洒以不滴水为度。

效果　处理后能有效地抑制大白菜叶片基部离层形成,减少生理性脱帮,可减少损失约 16%。

11. 防落素喷洒防止大白菜脱帮

使用方法　大白菜收获前 2～7 天,在田间喷洒 50 毫克/升防落素,最好在晴天下午沿大白菜基部自下而上喷洒,喷洒以不滴水为度。

效果　喷过防落素的大白菜贮藏到第 2 年 3 月底,外层叶片仍很少脱落。

12. 赤霉素处理提早大白菜开花

使用方法　对夏秋种植的耐热大白菜,在 10 月采收叶球后,切去外部叶片,只保留 2～3 厘米长的心叶 1～2 片,用赤霉素点滴茎尖,每天 1 次,共 10 次。

效果　可使大白菜始花期提早到 10 月底,12 月份可采收,这样就可在翌春加代繁殖。

13. 芸苔素内酯处理提高大白菜产量

用量　将每包 2 克芸苔素内酯用 0.2 升温水(50℃～60℃)溶解,再倒进 15～20 升冷水,搅匀。

使用方法　在大白菜苗期、莲座期喷施。

效果　经处理,大白菜封垄早,包心早,菜质嫩、甜,抗软腐病、晚疫病,增产 10％～30％。

14. 细胞分裂素处理促进大白菜增产

使用方法　大白菜施用细胞分裂素可采用拌种结合叶面喷施同时进行。拌种时,先用 1 份细胞分裂素与 2 份大白菜种子拌匀后播种,在大白菜的苗期、莲座期、包心初期再用细胞分裂素 600 倍液进行叶面喷施,每 667 平方米喷药液 50～70 升。

效果　可增产 21.19％～33.04％,并使霜霉病的发病率减轻 13.68％～66.98％。

注意事项　①在叶面喷施时,每 667 平方米喷施的药液量要根据植株生长的大小决定;苗小少喷,苗大多喷。可与尿素、磷酸二氢钾等混用,有增效作用。②应用细胞分裂素之后,对减轻病害有一定的作用,但不能代替正常的病害防治工作。

15. 喷施宝处理促进大白菜增产

使用方法 在大白菜的莲座期,用 10 000 倍的喷施宝(每 5 毫升喷施宝加水 50 升)进行叶面喷施,每 667 平方米喷 50 升,以后每隔 7~10 天喷施 1 次,共喷 3~4 次。

效果 在大白菜的莲座期施用喷施宝后,可促进大白菜的生长发育,提高光合作用,使植株生长健壮,结球快而结实,单株产量高。平均 667 平方米产量比对照增产 29.8%。

注意事项 ①大白菜施用喷施宝的时期,必须掌握在莲座期,过早或过迟施用效果均不显著。②喷施宝可与酸性农药混用,但忌与碱性农药混用。③施用喷施宝之后,更要加强肥水管理和病虫防治工作,以充分发挥其增产的潜力。

16. 三十烷醇处理促进大白菜增产

使用方法 可掌握在大白菜莲座期和包心初期,用三十烷醇 0.5 毫克/升药液各喷 1 次,每 667 平方米喷药液 50 升。

效果 植株生长势强,叶色鲜嫩,抗病性增强,可提早 2~5 天成熟,增产 10.8%~16.3%。

注意事项 ①大白菜应用三十烷醇的最适浓度是 0.5~1 毫克/升。在喷施时,为了增加药剂的黏着性,可加入少量的洗衣粉。②大白菜喷施的时期以莲座期为最佳,这是增产与否的关键,一般喷施 2~3 次,最宜在莲座期喷施之后,隔 7~10 天再喷第 2 次,喷施时间以下午 3 时以后为宜。③在喷施三十烷醇之后,要加强肥水管理和病虫防治工作。④喷施三十烷醇可以与农药混用(碱性农药不能混用),也可与微量元素、稀土肥、叶面肥等混用。

二、白　菜

1．吲哚丁酸浸蘸促进白菜生根

使用方法　用2 000毫克/升吲哚丁酸快速浸蘸白菜的叶芽进行扦插。

效果　经吲哚丁酸浸蘸,对白菜有良好的促根作用。

2．赤霉素喷洒提高白菜产量

使用方法　在不结球白菜长到4片真叶时,用20~75毫克/升赤霉素处理2次。

效果　用赤霉素处理的白菜,20天后,叶的长宽均较对照增大,可增产40%左右。

3．绿兴植物生长剂喷洒提高小白菜产量

使用方法　于小白菜移栽后,用10%绿兴植物生长剂2 000倍液叶面喷施2~3次,每次间隔7~10天,每667平方米用药量50升。

效果　可促进白菜生长,增加产量10%~20%。

4．三十烷醇喷洒提高白菜产量

使用方法　用0.5~1毫克/升三十烷醇溶液在白菜定植后、莲座期、包心期进行叶面喷施。

效果　经处理,可使白菜黄芽白叶色嫩绿,生长加快,增产效果很好。在以上3个时期连续喷药3次,可增产25%~34%。

5．ABT增产灵处理提高白菜产量

使用方法　用10~20毫克/升ABT 4号增产灵溶液于白菜幼苗"拉十字"期开始喷药,间隔10天1次,连喷2次。

效果　可加速白菜幼苗生长,提高抗旱性,增加产量。

注意事项 选晴天下午进行喷雾,防止漏喷。

6. 三十烷醇喷施促进青菜和小白菜生长

使用方法 在青菜和小白菜移栽活棵后开始喷施三十烷醇 0.5 毫克/升药液,间隔 7～10 天再喷 1 次,在收获前 15 天左右也可以喷施,共喷 2～3 次,每次喷药液 50 升左右。

效果 青菜和小白菜应用三十烷醇后,可增产 10%～20%,且生长快,叶色嫩绿。

注意事项 ①青菜、小白菜的生长期为 20～45 天,一般直播苗在 3～4 片真叶时即可喷施三十烷醇。②应掌握在晴天下午 3 时后用药,喷后 6 小时内遇雨要补喷。③可与微量元素混用。

第八章 植物生长调节剂在 葱蒜类生产中的应用

葱蒜类蔬菜也称为香辛类蔬菜或鳞茎类蔬菜,主要包括大蒜、洋葱、大葱、韭菜等。葱蒜类蔬菜含有丰富的维生素 C,较多的硫、磷、铁等,还含有特殊的辛辣味,有去腥功能。在大多数组织中,都含有蒜氨酸,能生成较强刺激味的蒜素。蒜素不仅能活化维生素 B_1,同时对一些病原菌具有较强的抗菌性,可以增进食欲并作为保健食品的原料,在医学上可以用来预防和治疗多种疾病。葱蒜类蔬菜不但可以作为鲜食及调味品,而且可以脱水加工。另外,大蒜、洋葱和韭花还是重要的出口蔬菜。

葱蒜类蔬菜地上部为管状或扁平蜡质的叶片,较耐旱,地下为弦状的须根,在生长过程中从短缩茎的基部发生新的须根。根群的分布范围广,入土也不深,几乎无根毛,吸水力很弱,因而栽培上也不耐过分的干旱,要求有一定的肥力和保水力强的土壤。

大多葱蒜类蔬菜适宜生长的温度为月平均12℃~20℃,耐寒性较强。长江以南,各种葱蒜类均能露地越冬,地上部不致冻死。而韭菜冬季地上部枯死,以宿根越冬,到第2年重新发芽。

葱蒜类的一个重要特点是叶子的分生组织在叶鞘的基部,所以在同一叶鞘中,叶鞘基部细胞的分生能力比先端的旺盛。因此,叶身先端收割以后,可以由基部继续伸长生长。利用这一特点,韭菜在1年内可以收割多次。

葱蒜类蔬菜在我国虽然栽培历史极其悠久,但是无论是新品种选育还是栽培技术,或病虫害防治以及深加工方面的发展均较缓慢,许多问题有待进一步加以解决。

一、大　蒜

1. 三十烷醇浸种促进大蒜出苗

使用方法　用0.2毫克/升三十烷醇药液浸大蒜种子4小时后播种。

效果　浸种的大蒜播种后5天齐苗,对照的第10天才陆续出苗,其出苗率也比对照高。

2. 2,4-D浸种增加大蒜产量

使用方法　用5毫克/升2,4-D药液浸泡大蒜种瓣12小时后播种。

效果　处理后,大蒜株高和单株重都比对照增加,蒜头增产37%。

3．三十烷醇喷洒提高大蒜产量

使用方法　用0.15～0.2毫克/升三十烷醇在大蒜生长的任一时期进行喷施。

效果　经处理,可提高大蒜的抗逆能力,使大蒜的茎叶深绿,蒜头膨大,具有增产作用。

注意事项　在大蒜幼苗时宜用低浓度处理。

4．绿兴植物生长剂喷洒促进大蒜生长

使用方法　在大蒜生长期及蒜头形成初期,喷施10%绿兴植物生长剂1 000倍液1～3次,每667平方米用药液量50升。

效果　可促进大蒜生长,叶绿,减少病害,蒜头肥大,增产20%以上。

5．丰产素喷洒促进大蒜增产

使用方法　在大蒜植株开始进入旺盛生长期和蒜头膨大初期,分别用1.4%丰产素5 000～6 000倍液喷洒,每667平方米喷洒50～75升,每隔7～10天喷1次,共喷2～3次。

效果　可促进大蒜植株增高,蒜头增大、增重。

注意事项　大蒜喷施丰产素,应根据对大蒜的利用目的来决定喷施时期和次数。若以利用蒜叶为目的,应在植株开始进入旺盛生长期时重点喷施。若以采收蒜头为目的,可在前期喷施的基础上,在蒜头膨大初期,隔7天后再喷第2次。

6．青鲜素喷洒抑制大蒜发芽

用量　以浓度为2 500毫克/升青鲜素,每667平方米喷药液约34升为宜。

使用时期　通常在大蒜收获前2周左右,即植株外部叶片枯萎,而中间叶子尚青绿时喷洒为宜。

效果　大蒜喷洒青鲜素,抑制其发芽效果良好,能延长贮藏期。

7．嗪酮·羟季铵合剂喷洒抑制大蒜发芽

使用方法　用嗪酮·羟季铵合剂80～100倍液在大蒜收获前2～3周进行全株喷洒。

效果　可抑制大蒜贮藏期间发芽。

8．羟季铵·萘合剂喷施增加大蒜鳞茎产量

使用方法　用1 000毫克/升的药液在大蒜地下鳞茎开始膨大时进行地上部分叶面喷雾,生长旺盛的可喷2～3次,间隔10～15天。

效果　可提高大蒜的光合作用效率,促进有机物质运输,增加鳞茎产量。

注意事项　缺水少肥或瘦弱的勿用。

二、洋　葱

1．石油助长剂浸种提高洋葱种子发芽率

使用方法　洋葱种子于播种前,用0.005%～0.05%石油助长剂药液浸种12小时。

效果　可提高洋葱种子发芽率。

2．乙烯利喷洒加速洋葱鳞茎的形成

使用方法　在洋葱生长早期,用500～1 000毫克/升乙烯利水溶液喷洒1～2次。

效果　处理后,能加速洋葱鳞茎的形成。

注意事项　使用乙烯利时温度以20℃～30℃效果最好,低于10℃或高于30℃均不易达到理想效果。

3．青鲜素喷洒抑制洋葱发芽

用量　以2 500毫克/升青鲜素药液,每667平方米喷洒约 34 升为宜。

使用时期　常在洋葱收获前 2 周左右,即植株外部叶片枯萎,而中间叶子尚青绿时喷洒。

效果　洋葱经 2 500 毫克/升青鲜素处理,贮藏 6~8 个月后,发芽率仅 10% 左右。

4. 赤霉素处理促进洋葱鳞茎生根

使用方法　对于当年刚收下的新鲜洋葱,可用 100 毫克/升赤霉素溶液浸泡鳞茎底部 15 分钟。

效果　经处理后,20 天左右洋葱鳞茎即可长出很多新根,有利于萌发生长。

5. 羟季铵·萘合剂喷施增加洋葱鳞茎产量

使用方法　用 1 000 毫克/升羟季铵·萘合剂在洋葱鳞茎地下开始膨大时进行地上部分喷雾,生长旺盛的可喷 2~3 次,间隔 10~15 天。

效果　可提高洋葱的光合作用效率,促进有机物质的运输,增加鳞茎的产量。

注意事项　缺水少肥或瘦弱的勿用。

6. 嗪酮·羟季铵合剂喷洒抑制洋葱发芽

使用方法　用嗪酮·羟季铵合剂 80~100 倍液在洋葱收获前 2~3 周进行全株喷洒。

效果　可抑制洋葱贮藏期间发芽。

三、韭　菜

1. 赤霉素喷洒促进韭菜生长

使用方法　在韭菜苗高 6~10 厘米或收割后 2~3 天(喷根茬),用 10 毫克/升赤霉素溶液喷洒 1 次。

效果　经赤霉素喷洒,可促进韭菜生长,提高其产量。

2．三十烷醇处理促进韭菜增产

使用方法　掌握在春季韭菜初出土时(称血芽),用浓度0.5毫克/升三十烷醇每667平方米100升浇根,待韭菜生长到6~7厘米高时,再用浓度0.5毫克/升三十烷醇每667平方米50升进行叶面喷施。

效果　应用三十烷醇可使韭菜生长加快,肉质鲜嫩,提高食用价值,增产20%。

3．ABT增产灵喷洒增加韭菜产量

使用方法　在韭菜生长期间,用10毫克/升ABT 4号增产灵药液喷洒在叶面上和根部。

效果　可使韭菜生长健壮,叶片深绿,叶面大而肥厚,一般增产10%~20%。

第九章　植物生长调节剂在
豆类生产中的应用

豆类蔬菜属1年生、2年生或多年生草本,在蔬菜生产和消费中有重要地位,包括豇豆、菜豆、豌豆、蚕豆等。

豆类蔬菜均含有丰富的蛋白质、脂肪、糖类、矿物质和各种维生素。人体中有8~10种必需氨基酸是人自身不能合成而只能从食物中摄取的。植物蛋白质中以豆类种子蛋白质的必需氨基酸组成较好,尤以大豆为最好。豆类蔬菜还含有丰富的矿质元素和维生素,其中以钙、磷、铁和维生素B的含量较高。

豆类蔬菜的生育周期可分为种子发芽期、幼苗期、抽蔓期

和开花结荚期。种子发芽期从种子萌动至真叶展开,第 1 复叶刚露。以后主根伸长、侧根增多,有 5～7 片复叶展开为幼苗期。这两个生长期生长缓慢,生长量很少,只是奠定生长基础。条件适宜时在幼苗期开始花芽分化。抽蔓期从 5～7 片复叶开展至植株现蕾,此期茎蔓和叶片加速生长,花芽不断分化发育,蔓生型的抽蔓期较长,矮生型抽蔓期短或无。植株现蕾后进入开花结荚期。此期茎蔓叶片和根系都迅速生长,同时开花结荚,生长量最大,至后期生长转慢,逐渐衰老。蔓生型的开花结荚多,结荚期较长,因而生育周期也较长。矮生型的开花结荚少,结荚期较短,因而生育周期短。半蔓生型介于两者之间。

豆类蔬菜的根系可与根瘤菌共生形成根瘤。当豆类植株与根瘤菌同时生活时,根瘤菌在根瘤中固定空气中的氮,为植株所利用。生长初期根瘤固氮量低,开花时迅速增长,到种子形成初期达到最高,成熟时下降。

豆类蔬菜中,豌豆和蚕豆属长日照植物,其他豆则属短日照植物。各种豆的很多品种对光照长短的要求不很严格,但幼苗期有短日照能促进花芽分化。豆类不同种类对光照强度的反应不同,但它们的光合产物都随光照强度的提高而增加。

豆类蔬菜中蚕豆、豌豆等适于冷凉气候。生长起点温度为 4℃～5℃,适宜生长温度为 15℃～20℃,超过 25℃生长受抑制。豇豆、大豆、扁豆等喜温耐热,其中以豇豆的耐热性较强,生长起点温度为 10℃左右,适温为 20℃～30℃,一般不宜超过 35℃,菜豆介于前两类之间。豆类的生育周期中宜有一定的温度变化。各种豆的种子发芽都适于稍高温度,喜冷凉的豆类,其幼苗期和抽蔓期温度也要高些,开花结荚期间的生育温度从稍高逐渐降低,但不宜低于 10℃以下,以免抑制生长,不利于开花结荚。喜温和耐热的豆类的生育温度则以稍低温度逐渐提高为宜。幼苗期稍低的温度有利于花芽分化,以后的较高温度则促进茎叶生长和开花结荚。

豆类蔬菜一般要求中性或微酸、微碱性土壤。根瘤菌的生长发育除有适温外,还需要通气良好和中性土壤,土壤水分保持最大持水量的 60% 左右。

一、四 季 豆

1. 防落素喷洒提高四季豆产量

使用方法　用 1~5 毫克/升防落素喷洒四季豆已开花的花序,每隔 10 天喷 1 次,共喷 2 次。

效果　能提高四季豆荚重,可增产 8%~22.5%。

2. 萘氧乙酸处理防止四季豆落花

使用方法　用 5~25 毫克/升萘氧乙酸喷洒四季豆花序。

效果　可防止四季豆落花。

3. 三十烷醇处理提高四季豆产量

使用方法　在四季豆的生育期,喷施 0.1~0.5 毫克/升三十烷醇药液。

效果　经处理的四季豆其果荚数增加 11%~17%,产量增加 12%~16%。

4. 芸苔素内酯处理提高四季豆产量

用量　将每袋 2 克芸苔素内酯用 0.2 升温水(50℃~60℃)溶解,再倒入 15~20 升冷水,搅匀。

使用方法　在四季豆生长期、开花期进行喷施。

效果　四季豆植株茂盛,开花结荚多,增产 10%~35%。

5. 丰产素喷洒促进四季豆增产

使用方法 在四季豆的幼苗期和始花期,用1.4%丰产素5 000～6 000倍液喷洒,每667平方米用药40～50升,每隔7～10天喷施1次,共喷3～4次。

效果 四季豆喷施1.4%丰产素5 000倍和6 000倍液后,分别增产27.36%和25.7%,同时采收期提早8～10天。

注意事项 四季豆的最适施用期为始花期,有利于保花增荚,若过早或过迟施用,效果均不如始花期显著。

二、其 他

1. 4-碘苯氧乙酸处理减少毛豆落花

使用方法 在毛豆开花结荚盛期,用20～30毫克/升4-碘苯氧乙酸喷洒。

效果 经处理后,可减少毛豆花、荚脱落,并提高种子百粒重。

2. 赤霉素处理提高矮菜豆产量

使用方法 在矮菜豆出苗后,用10～20毫克/升赤霉素连续处理4～5次。

效果 用赤霉素处理后,矮菜豆茎枝伸长,分枝数目增加,开花结果提早,提前3～5天采收,能增加早期产量。

3. 萘乙酸喷洒防止菜豆落花

使用方法 在菜豆盛花期,以5～25毫克/升萘乙酸水溶液喷洒。

效果 可以抑制菜豆落花。

4. 吲哚乙酸浸种提高蚕豆产量

使用方法 在播种前,用10～100毫克/升吲哚乙酸溶液浸泡蚕豆种子 24 小时。

效果　经处理，可增加蚕豆果荚数和种子重量，增加种子多糖含量，提高产量。

注意事项　如浸种时间超过 48 小时，则降低此种作用。

5．三十烷醇喷洒促进豆角生长

用量　0.1～1 毫克/升三十烷醇溶液。

使用时期　在豆角开花期、结荚期均可喷施。

效果　三十烷醇对豆角的生长、开花、结荚均有明显的促进作用。

6．苄·对氯合剂淋浇增加黄豆芽产量

使用方法　在黄豆芽长到 1～1.5 厘米时，将药液加水稀释 2 000 倍淋浇，淋浇 1 次即可，以后每天按正常淋浇水管理。

效果　可使黄豆芽无根，下胚轴增粗、白嫩，增加豆芽产量。

7．苄·对氯合剂淋浇增加绿豆芽产量

使用方法　在绿豆芽长到 1～1.5 厘米时，将苄·对氯合剂药液加水稀释 2 000 倍淋浇，淋浇 1 次即可，以后每天按正常浇水管理。

效果　使豆芽无根，下胚轴增粗、白嫩，增加产量。

8．芸苔素内酯处理提高豇豆产量

用量　将每袋 2 克芸苔素内酯用 0.2 升温水（50℃～60℃）溶解，再倒入 15～20 升冷水，搅匀。

使用方法　在豇豆生长期、开花期进行喷洒。

效果　豇豆植株茂盛，结荚早且多，增产 10%～25%。

9．三十烷醇喷施提高豇豆结荚率

使用方法　掌握在豇豆始花期和结荚初期，全株喷施 0.5 毫克/升三十烷醇，每 667 平方米喷 50 升。

效果　使豇豆结荚率提高,特别是豇豆春季遇低温会不结荚,此时用三十烷醇处理之后,能提高结荚率,有利于早期高产,增加经济收益。

注意事项　①豇豆施用三十烷醇要掌握准确使用浓度,防止浓度过高。②在喷施时,可与农药和微量元素混用,但不能与碱性农药混用。

第十章　植物生长调节剂在其他蔬菜生产中的应用

一、食用菌类

1. ABT 增产灵喷雾提高平菇产量

使用方法　用 20～40 毫克/升 ABT 5 号增产灵溶液在平菇菌丝期均匀喷雾,第 2 次在平菇大量形成子实体后结合喷水使用。

效果　平菇生长旺盛,色泽洁白,粗壮,抗寒,耐热,子实体喷施出菇多、快,菇体肥硕,商品率高,一般增产 60% 以上。

2. 三十烷醇处理提高平菇产量

使用方法　用 1 毫克/升三十烷醇药液,第 1 次在出小菇蕾后喷洒,以后每采收一茬后适当轻喷洒,隔 1 天再喷洒,覆盖薄膜,待出现子实体原基后揭膜。

效果　施用三十烷醇后平菇有显著的增产效果,能比对照增产 35.5%。

3. 萘乙酸与三十烷醇等交叉喷洒提高平菇产量

使用方法 用浓度为 5 毫克/升的萘乙酸,0.5 毫克/升的三十烷醇与 0.05% 的尿素、磷酸二氢钾混合液,在平菇幼菇进入菌盖分化期后交叉喷洒。

效果 平菇提早成熟,菇体肥大,柄短,增产明显。

4. 绿兴植物生长剂喷洒提高平菇产量

使用方法 在平菇幼菇进入菌盖分化期以后,或在子实体开始扭结时(在第 1 次菇采收以后)喷洒 10% 绿兴植物生长剂 2 000 倍液。

效果 平菇出菇提早,生长整齐,菇体厚而重,单菇可比对照增重 50% 左右。

5. 2,4-D 处理增加平菇产量

使用方法 在平菇菇蕾期,用 20 毫克/升 2,4-D 药液进行喷雾处理。

效果 可刺激平菇生长,增产 30%~40%。

6. 乙烯利处理提高凤尾菇产量

使用方法 用 500 毫克/升乙烯利溶液在凤尾菇的菌蕾期、幼菇期和菌盖伸展期喷 3 次。

效果 处理后,有促进凤尾菇现蕾和早熟的作用,一般增产 20%。

7. 赤霉素与三十烷醇混用提高凤尾菇产量

使用方法 赤霉素浓度为 10~15 毫克/升,三十烷醇浓度为 0.25~0.5 毫克/升,两者混合液在凤尾菇拌料时加入。

效果 缩短凤尾菇生长期,菇体抗高温能力增强,提高产量 45% 左右。

注意事项 处理后要注意后期补充氮源,否则会影响 3、4 潮菇的产量。

8．三十烷醇处理提高凤尾菇产量

使用方法 在凤尾菇菌丝扭结的珊瑚期（小菇蕾期），喷洒 0.5 毫克/升或 1 毫克/升三十烷醇药液。

效果 经处理，凤尾菇平均产量分别比对照增产 60% 和 62%。

9．三十烷醇处理提高香菇产量

使用方法 在香菇现蕾期及幼菇期，用 0.5 毫克/升三十烷醇喷施 2 次。

效果 经处理，可使香菇增产 15.9%。

10．萘乙酸、吲哚乙酸、赤霉素处理提高香菇产量

使用方法 将香菇锯木屑培养块或菌棒进行浸水处理，浸水 48 小时后进行催蕾出菇，使用浓度为：α-萘乙酸用 5 毫克/升；吲哚乙酸用 5 毫克/升；赤霉素用 1~1.5 毫克/升。

效果 萘乙酸、吲哚乙酸处理，一般增产 130% 左右；赤霉素处理，一般增产 25% 以上。都明显促进香菇菌丝体生长。

11．三十烷醇处理提高金针菇产量

使用方法 在金针菇花蕾形成期，用 0.5 毫克/升三十烷醇喷施 1 次。

效果 可增产 8.3%。

12．三十烷醇、乙烯利、赤霉素处理促进金针菇早出菇

使用方法 金针菇在头潮菇采后，于现蕾、齐蕾和菇柄伸长期，用 0.5 毫克/升三十烷醇或 500 毫克/升乙烯利，或 0.5 毫克/升三十烷醇和 10 毫克/升赤霉素混合液进行喷洒。

效果 可促进金针菇早出菇、出齐菇。

13．三十烷醇处理提高蘑菇产量

用量 0.25~2 毫克/升三十烷醇溶液。

使用方法　在蘑菇覆土前喷施第 1 次,子实体有黄豆大小时喷施第 2 次,半个月左右喷施第 3 次,10 天后喷施第 4 次和第 5 次,在每批子实体采收停水 1 天后喷施。在以后的出菇期里,可再喷 2～3 次。

喷施的水量依菇床的水分而定。水分多,则可少喷些水;水分少,喷水量多些。一般每平方米喷水量为2.5～5升。

效果　经处理,蘑菇菌丝多而粗壮,菇柄粗,畸形菇少,废菇率低,产量增加。

注意事项　室温高于 18℃ 、低于 10℃ 时均不宜喷施。

14. 比久浸泡保鲜蘑菇

使用方法　将新采收的蘑菇在 10～100 毫克/升比久溶液中浸泡 10 分钟,然后沥干,经过 2 小时后,用塑料食品袋包装。

效果　经比久浸泡后,可防止蘑菇颜色变褐,保鲜 4～8 天。

15. 细胞分裂素处理保鲜食用菌

使用方法　用 0.01％细胞分裂素溶液浸泡鲜菇 10～15 分钟,取出晾干后,装入塑料袋贮藏。

效果　能延缓食用菌衰老,保持新鲜。

16. 三十烷醇处理提高草菇产量

使用方法　在草菇播种前,喷洒 0.6～0.8 毫克/升三十烷醇于培养料中。

效果　能有效地提高草菇原基的成活率,减少死菇,一般可增产 19％～43％。

二、藻　类

1. 三十烷醇处理提高裙带菜产量

使用方法　在裙带菜育苗疏散养殖时,用2毫克/升三十烷醇乳粉浸苗绳2小时。如果用1毫克/升浓度,应浸苗绳4小时;如果用0.25毫克/升浓度,时间为12小时。

效果　可以促进其生长,使叶片大而厚,可增产20%以上,同时提早15天成熟,提高盐渍品的成品率,提高养殖的经济效益。

2. 三十烷醇处理提高紫菜产量

使用方法　采用下面的任一种:①紫菜出苗期结合晒网用2毫克/升三十烷醇溶液浸泡0.5～1小时,或者用水泵喷洒,略干后下海继续放养。②在出苗期,结合潮间密挂出苗法用1～2毫克/升三十烷醇溶液在移网时浸泡苗帘0.5～1小时,或用水泵喷洒。③潮间带半浮动养殖法,在退潮干露(3～7小时)时,让网略干,用2毫克/升三十烷醇药液喷洒或浇施。④在养成期结合晒网处理,用2毫克/升三十烷醇药液浸泡0.5～1小时,略干后继续放养。

效果　经处理,可明显促进紫菜假根和叶状体生长,延长生长期,增加干物质积累和矿质元素吸收,一般增产20%左右。同时紫菜品质明显提高。

3. 三十烷醇处理提高海带产量

使用方法　一般对海带苗帘出库前后(1～3厘米)、暂养期(3～20厘米)、分苗夹苗期(15～20厘米)和夹苗放养期(20厘米以上)等时期的幼苗,用0.5～2毫克/升三十烷醇乳粉药液浸泡一定时间后放养。

效果　海带长、宽、厚和制干率增加,商品等级提高;外观和营养品质均有明显改善。

注意事项　1 次处理,以浓度 2 毫克/升浸苗 2 小时效果最好;如果降低浓度,需要延长处理时间,方法可以灵活,总的原则是让海带幼苗吸收一定量的三十烷醇。

三、芽　苗　菜

1. 多效唑喷洒矮化香椿增加嫩芽产量

使用方法　用 15% 多效唑 200~400 倍液,从 7 月中下旬开始,每 10~15 天对香椿植株喷 1 次,连喷 2~3 次。

效果　香椿嫩芽是传统的芽苗菜,经处理后,使植株矮化,增强光合作用,提高嫩芽的产量和品质。

2. 三碘苯甲酸喷洒矮化香椿减少养分损失

使用方法　每 667 平方米用三碘苯甲酸 250~300 克,加水 50~70 升,每 15~20 天对香椿植株喷 1 次,连喷 2~3 次。

效果　使植株矮化,减少养分的损失和浪费,提高嫩芽产量。

3. 萘乙酸处理促进黄豆芽生根

使用方法　生豆芽时,先将黄豆芽种子在 5~10 毫克/升萘乙酸溶液中浸泡 8~10 小时(过夜),然后用清水洗去多余的药液,再按常规发豆芽。

效果　经萘乙酸浸泡后,可促进黄豆芽种子生根,根系肉质,直而粗壮,侧根少。

4. 芽豆素处理促进黄豆芽生长

使用方法　当黄豆芽长 1.5 厘米时,用 C-1 型芽豆素 1 袋对水 50 升配成的溶液浸泡或淋洗豆芽 1 分钟,当豆芽长

4.5厘米时,用 C -2 型芽豆素 1 袋对水 50 升配成的溶液浸泡或淋洗豆芽 2 分钟。

效果 可以促进黄豆芽生长,提高豆芽食用率 10%,能使豆芽粗壮洁白,肥嫩爽口,同时增加维生素 C、氨基酸和全糖等营养成分。

5．萘乙酸处理促进绿豆芽生根

使用方法 先将绿豆芽种子在 5~10 毫克/升萘乙酸溶液中浸泡 8~10 小时(过夜),然后用清水洗去多余的药液,再按常规发豆芽。

效果 经处理,可促进绿豆芽种子生根,根系肉质,直而粗壮,侧根少。

6．芽豆素处理促进绿豆芽生长

使用方法 当豆芽长 1.2 厘米时,用 D-1 型芽豆素 1 袋对水 50 升配成的溶液浸泡或淋洗豆芽 1 分钟,当豆芽长 4 厘米时,用 D-2 型芽豆素 1 袋对水 50 升配成的溶液浸泡或淋洗豆芽 1 分钟。

效果 可促进绿豆芽生长,提高豆芽食用率,使豆芽粗壮,同时增加维生素 C、氨基酸和全糖等营养成分。

7．芽豆素处理促进蚕豆芽生长

使用方法 当蚕豆芽露白时,用 E-1 型芽豆素 1 袋对水 50 升配成的溶液浸泡或淋浇 2 分钟,当豆芽长 0.5 厘米时,用 E-2 型芽豆素 1 袋对水 50 升配成的溶液浸泡或淋浇豆芽 2 分钟。

效果 可促进蚕豆芽生长,提高豆芽食用率,能使豆芽粗壮,同时增加维生素 C、氨基酸和全糖等营养成分。

四、其　他

1. 赤霉素处理提高雪里蕻产量

使用方法　在雪里蕻长到 6～8 片叶时,用 10～100 毫克/升赤霉素喷洒植株。

效果　经处理,可促进雪里蕻生长,增产 30% 左右。

2. 赤霉素处理提高弥陀芥产量

使用方法　在弥陀芥长到 6～8 片叶时,用 10～100 毫克/升赤霉素喷洒植株。

效果　经处理,可促进弥陀芥生长,增加产量 30% 左右。

3. ABT 增产灵处理增加生姜产量

使用方法　用 5 毫克/升 ABT 5 号增产灵浸生姜块茎 30 分钟。

效果　经处理,可加速生姜幼苗生长,提高抗旱性,增加产量。

4. 赤霉素处理提高茴香产量

使用方法　用 20 毫克/升赤霉素溶液喷洒茴香植株 2～3 次。

效果　经赤霉素喷洒后,可促进茴香生长,提高其产量。

附　录

一、用药量、使用浓度和用水量查对简表

根据用药量(有效成分为100％)和使用浓度求需水量可查附表1。

例1:现有100％原药0.5克,欲配制使用浓度为10毫克/升的药液,应加水多少? 查附表1,需加水50升。

例2:现有100％原药1克,欲配制使用浓度为40毫克/升的药液,应加水多少? 查附表1,需加水25升。

附表1　用药量、使用浓度和用水量查对简表

用药量（克）	使用浓度(毫克/升)										
	0.5	1.0	10	20	30	40	50	60	70	80	90	100
0.1	200	100	10	5	3.4	2.5	2	1.7	1.5	1.3	1.1	1
0.2	400	200	20	10	6.7	5	4	3.4	2.9	2.5	2.2	2
0.3	600	300	30	15	10	7.5	6	5	4.3	3.8	3.3	3
0.4	800	400	40	20	13.4	10	8	6.7	5.7	5	4.5	4
0.5	1000	500	50	25	16.7	12.5	10	8.4	7.2	6.3	5.6	5
0.6	1200	600	60	30	20	15	12	10	8.6	7.5	6.7	6
0.7	1400	700	70	35	23.4	17.5	14	11.6	10	8.8	7.8	7
0.8	1600	800	80	40	26.7	20	16	13.4	11.4	10	8.8	8
0.9	1800	900	90	45	30	22.5	18	15	12.9	11.3	10	9
1.0	2000	1000	100	50	33.5	25	20	16.5	14.5	12.5	11	10

注:1.用药量按有效成分100％计
　　2.用水量单位为升

二、稀释倍数和用药量查对简表

根据原药含量和使用浓度,求需用药量或稀释倍数,可查附表2。

例1:现有10%原药,欲配制50千克浓度为5毫克/升的药液,应加水多少? 查附表2,取原药2.5克,对水50升即成。

例2:现有5%原药,欲配制30毫克/升药液100毫升,应加水多少? 查附表2,取原药30克,对水50升,成为50千克浓度为30毫克/升溶液。但现只需100毫升,所以计算式为:

$$50\ 000 : 30 = 100 : X$$

$$X = 30 \times 100 / 50\ 000 = 0.06\ 克$$

取5%原药0.06克,对水100毫升,即得100毫升浓度为30毫克/升的溶液。

三、若干植物生长调节剂
的名称、剂型与主要用途

吲哚乙酸

又名生长素,简称IAA。为粉剂、可湿性粉剂。吲哚乙酸用途广泛,可促进细胞分裂、维管束分化、光合产物分配、叶片扩大、茎伸长、雌花形成、单性结实、种子发芽、不定根和侧根形成、种子和果实生长、坐果等。

吲哚丁酸

化学名称为吲哚-3-丁酸,简称IBA。剂型有10%可湿性粉剂,92%、98%粉剂等。吲哚丁酸主要用于促进生根,其效

附表2 稀释倍数和用药量查对简表

使用浓度(毫克/升)		原药含量(%)												
		5	10	15	20	25	30	40	50	60	70	80	90	100
1	稀释倍数	50000	100000	150000	200000	250000	300000	400000	500000	600000	700000	800000	900000	1000000
	用药量,克	1.000	0.500	0.333	0.250	0.200	0.167	0.125	0.100	0.083	0.071	0.063	0.056	0.050
2	稀释倍数	25000	50000	75000	100000	125000	150000	200000	250000	300000	350000	400000	450000	500000
	用药量,克	2.000	1.000	0.667	0.500	0.400	0.333	0.250	0.200	0.167	0.143	0.125	0.111	0.100
3	稀释倍数	16700	33000	50000	66700	83000	100000	133000	167000	200000	233000	267000	300000	333000
	用药量,克	3.000	1.500	1.000	0.750	0.600	0.500	0.375	0.300	0.250	0.214	0.188	0.167	0.150
5	稀释倍数	10000	20000	30000	40000	50000	60000	80000	100000	120000	140000	160000	180000	200000
	用药量,克	5.000	2.500	1.667	1.250	1.000	0.833	0.625	0.500	0.417	0.357	0.313	0.278	0.250
10	稀释倍数	5000	10000	15000	20000	25000	30000	40000	50000	60000	70000	80000	90000	100000
	用药量,克	10.000	5.000	3.333	2.500	2.000	1.667	1.250	1.000	0.833	0.714	0.625	0.556	0.500
20	稀释倍数	2500	5000	7500	10000	12500	15000	20000	25000	30000	35000	40000	45000	50000
	用药量,克	20.000	10.000	6.667	5.000	4.000	3.333	2.500	2.000	1.667	1.429	1.250	1.111	1.000
30	稀释倍数	1700	3300	5000	6700	8300	10000	13000	16700	20000	23300	26700	30000	33000
	用药量,克	30.000	15.000	10.000	7.500	6.000	5.000	3.750	3.000	2.500	2.143	1.875	1.667	1.500
50	稀释倍数	1000	2000	3000	4000	5000	6000	8000	10000	12000	14000	16000	18000	20000
	用药量,克	50.000	25.000	16.667	12.500	10.000	8.333	6.250	5.000	4.167	3.571	3.125	2.778	2.500
70	稀释倍数	700	1400	2100	2900	3600	4300	5700	7100	8600	10000	11400	12900	14300
	用药量,克	70.000	35.000	23.333	17.500	14.000	11.667	8.750	7.000	5.833	5.000	4.375	3.889	3.500
100	稀释倍数	500	1000	1500	2000	2500	3000	4000	5000	6000	7000	8000	9000	10000
	用药量,克	100.000	50.000	33.333	25.000	20.000	16.667	12.500	10.000	8.333	7.143	6.250	5.556	5.000

注：配制药液量为50升

果是生长素类调节剂中最好的一种,能有效地促进处理部位形成层细胞分裂而长出根系,从而提高了扦插成活率。

萘乙酸

化学名称为 α-萘乙酸,简写 NAA。剂型有 99% 精制粉剂和 80% 粉剂,2% 钠盐水剂,2% 钾盐水剂。萘乙酸对植物的主要作用是促进细胞扩大,从而促进生长。主要应用于刺激扦插生根、疏花疏果、防止落果、诱导开花及促进植物生长等方面。

萘氧乙酸

简写为 NOA。生理作用似萘乙酸,防止果实脱落。

萘乙酸甲酯

简写为 MENA。主要用于抑制马铃薯块茎贮藏期发芽,对萝卜等防止发芽也有效。还能用于延长果树和观赏树木芽的休眠期。

吲熟酯

又名丰果乐、富果乐,简写 IZAA。化学名称为 5-氯-1 氢-吲哚-3-基乙酸乙酯。剂型有 94% 粉剂,20% 乳油。主要用于疏花疏果、促进生根、控制营养生长、促进果实成熟和改善品质等。

2,4-D

化学名称为 2,4-二氯苯氧乙酸,简写为 2,4-D。也称 2,4-滴。剂型有 80% 可湿性粉剂,20% 乳油,72% 丁酯乳油,55% 胺盐水剂,90% 粉剂等。2,4-D 用途随浓度而异,效果不一。在较低浓度下是植物组织培养的培养基成分之一;在中等浓度可防止落花落果,诱导无籽果实形成和果实保鲜等;在高浓度可杀死多种阔叶杂草。

防 落 素

化学名称为对氯苯氧乙酸,简写为 PCPA 或 4-CPA。其他名称如番茄灵、丰收灵、坐果灵、促生灵。剂型有 90% 粉剂,95% 可湿性片剂,1%、2.5% 和 5% 水剂。主要用于防止番茄等茄果类蔬菜落花落果,促进果实发育,形成无籽果实,提早成熟,增加产量,改善品质等。

增 产 灵

化学名称为 4-碘苯氧乙酸。工业品含量在 95% 以上,橙黄色粉状固体,带刺激性臭味。主要作用是促进生长和发芽,防止落花落果,提早成熟和增加产量等。

甲 萘 威

又名胺甲萘、西维因、疏果安等。化学名称为 N-甲基-1-萘基氨基甲酸酯,简写为 NAC。剂型有 25%、50%、80% 可湿性粉剂,1.5%、2%、5%、10% 粉剂,10% 悬浮剂,25% 糊剂。该剂为高效低毒的氨基甲酸酯杀虫剂,同时,又是一种较好的苹果、梨等花后疏果剂。

赤 霉 素

简写为 GA。是从赤霉菌培养液中提取的一类化合物,现已在各种植物体内发现 100 多种赤霉素。其中以 GA_3(赤霉酸)活性最高,应用最广,又名"九二〇"。市售的赤霉素主要是赤霉酸及 GA_4、GA_7、$GA_4 + GA_7$ 的混合剂等。剂型有 85% 粉剂,40% 水溶性粒剂、片剂、乳剂等,乳剂溶于水。赤霉素能打破种子、块茎、块根的休眠,促使其萌发;刺激果实生长,提高结实率或形成无籽果实;可以代替低温打破休眠,促使一些植物在长日照条件下抽薹开花,也可以代替长日照作用,使一些植物在短日照条件下开花;诱导一些植物发生雄花等。

激动素

化学名称为 6-糠基氨基嘌呤,6-糠基腺嘌呤。简写为 KT,KN,又名动力精。激动素主要用于组织培养,促进细胞分裂和调节细胞分化,还用于促进幼苗生长、促进坐果、延缓器官衰老、果蔬保鲜等。

6-苄基氨基嘌呤

又叫 6-苄基腺嘌呤、绿丹、BA、BAP、6-BA、细胞激动素等。为 95% 粉剂。用于提高坐果率,促进果实生长,蔬菜保鲜,打破休眠,促进种子发芽,打破顶端优势等。

异戊烯腺嘌呤

异戊烯腺嘌呤是微生物发酵产生的含有烯腺嘌呤和羟烯腺嘌呤的具有细胞分裂素活性的生长调节剂,其成分主要是 4-羟基异戊烯基腺嘌呤和异戊烯腺嘌呤的混合物。0.0001% 异戊烯基腺嘌呤可湿性粉剂由发酵液加填料,再经干燥加工而成。可促进细胞分裂及生长活跃部位的生长发育,用于柑橘、西瓜、玉米及多种蔬菜、烟草上,增加产量,提高品质,保花保果等。

CPPU

化学名称为 N-(2-氯-4-吡啶基)-N-苯基脲,是苯基脲类细胞分裂素,又名 4PU-30、KT-3OS、氯吡脲、吡效隆等。工业品为无色透明水溶性液体,含有效成分 0.1%。主要作用是促进细胞分裂、器官分化、叶绿素合成,防衰老,打破顶端优势,诱导单性结实,促进坐果和果实肥大。

脱落酸

脱落酸的缩写为 ABA。脱落酸可促进叶片脱落,诱导种子和芽休眠,抑制种子发芽和侧芽生长,提高抗逆性。

诱 抗 素

即脱落酸的天然发酵产品的商品名。又名 S-诱抗素,也可简写为 ABA。以诱抗素为主要成分的调节剂有多种类型,包括壮菜、生根、叶面喷施等多种类型。主要作用是诱导植物产生对不良生长环境(逆境)的抗性,如诱导植物产生抗旱性、抗寒性、抗病性、耐盐性等,还可用于促进种子、果实的蛋白质和糖分积累,改善作物的质量,提高作物产量,控制发芽和蒸腾,调节花芽分化,切花保鲜等。

青 鲜 素

化学名称为顺丁烯二酸酰肼、马来酰肼,又名抑芽丹,缩写为 MH。剂型有 25% 钠盐水剂,30% 乙醇铵盐水剂,50% 可湿性粉剂。可抑制芽的生长和茎伸长,降低光合作用,促进成熟。青鲜素主要用于抑制鳞茎和块茎在贮藏期的发芽,控制烟草侧芽的生长。

三碘苯甲酸

化学名称为 2,3,5-三碘苯甲酸,缩写为 TIBA。剂型有 98% 粉剂,2% 液剂。主要作用是抑制茎顶端生长,使植株矮化,促腋芽萌发、分枝,增加开花和结实。

整 形 素

化学名称为 2-氯-9-羟基芴-9-羧酸甲酯,又名形态素。剂型有 10% 乳油,2.5% 水剂。可抑制顶端分生组织,使植株矮化,促进侧芽发生。

增 甘 膦

化学名称为双亚甲基亚磷酸甘氨酸,又名催熟膦、草双甘膦。剂型有 90% 可湿性粉剂,85% 可溶性粉剂,85% 水剂。可抑制植株生长,改变同化产物在器官间的分配,增加糖分积累和贮藏,主要用于甘蔗和甜菜的催熟增糖。

多效唑

又名氯丁唑、PP$_{333}$,是三唑类植物生长调节剂。工业品为淡黄色15%可湿性粉剂。通过干扰、阻碍植物体内赤霉素的生物合成,降低植物体内的赤霉素水平来减慢植物生长速度,抑制茎伸长,控制树冠,提高抗倒伏能力。同时,多效唑对植物的抑制作用,又可通过使用赤霉素使之逆转。多效唑除主要作为生长调节剂应用外,还有抑菌作用,因此又是杀菌剂。

烯效唑

烯效唑又名高效唑、伏康唑、S-3307。剂型有5%乳油和粉剂,0.08%颗粒剂。主要用于矮化植株,除杂草,杀菌(黑粉菌、青霉菌),促进块根块茎膨大,控制营养生长,促进结实,促进分蘖等。

粉锈宁

又叫三唑酮。制剂为白色至浅黄色粉末,不溶于水,但易在水中扩散。主要用于延缓花生、菜豆、大麦、小麦等作物生长。

矮壮素

化学名称为2-氯乙基-三甲基氯化铵。其他名为氯化氯代胆碱,又名三西、西西西、稻麦立,简写为CCC。剂型有50%水剂,97%粉剂。可使植株矮壮,茎秆增粗,叶色加深,以及增强抗倒伏、抗旱、抗寒、抗盐碱等性能。

氯化胆碱

化学名称为(α-羟乙基)三甲基氯化铵。2%水剂无色透明,5%水溶液呈微棕黄色,50%和98%粉剂。可抑制光呼吸,促进根系发达及块茎和块根增产,增强光合作用,促进稻、麦光合产物向生殖器官运输。

矮 健 素

又名 7102，化学名称为 2-氯丙烯基三甲基氯化铵。剂型有 50% 水剂。能控制营养生长，使植株矮化，茎秆粗壮，叶色深绿，对防止麦类倒伏、棉花旺长和增强抗性等有很好的效果。

比 久

化学名称为 N-二甲氨基琥珀酰胺酸，又名丁酰肼、B_9。工业品为灰白至灰色或略带微黄色粉末状固体，含量为 85%、96%、98% 等。可使植株矮化，促进翌年花、芽形成，防止落花落果，调节养分，使叶片绿且厚，增强抗旱、抗寒能力，增加产量，促进果实着色，延长贮藏期。

调 节 膦

化学名称为乙基氨甲酰基磷酸盐，又名蔓草膦、膦铵素。为 40% 水剂。用在果树上起矮化和化学修剪作用；用在林业上有防除灌木杂草的作用；在花卉上可延长插花和某些观赏植物的开花时间。由于双子叶植物对调节膦比较敏感，特别是木本植物，因此调节膦也常用在抑制双子叶植物的生长上。

助 壮 素

又名皮克斯、Pix、DPC、甲哌啶、甲哌鎓、调节啶、缩节胺、壮棉素、健壮素、棉壮素，化学名称为 1,1-二甲基哌啶鎓氯化物。剂型有 98%、96% 粉剂，5% 液剂，25% 水剂。能抑制细胞伸长，延缓营养体生长，使植株矮化、株型紧凑，能增加叶绿素含量，提高叶片同化能力，调节同化产物在植株器官内的分配。

环丙嘧啶醇

又名三环苯嘧醇、嘧啶醇。为 0.026% 液剂。可矮化植株，促进开花。

抑芽唑

抑芽唑又名 NTN-821。为 70％可湿性粉剂。可抗倒伏，控制茎秆生长，节间缩短，不抑制根生长。

调嘧醇

调嘧醇又名 EL-500。为 50％可湿性粉剂。可改善冷季和暖季草坪的质量，也可注射树干减缓生长和减少观赏植物的修剪次数，调节株型更具观赏价值。

乙烯利

乙烯利的化学名称为 2-氯乙基膦酸。又名一试灵、乙烯磷、CEPA。剂型有 40％浅黄色黏稠水剂，5％～10％胶体剂。可促进不定根形成、茎增粗，解除休眠，诱导开花，控制花器官性别分化，使瓜类多开雌花，少开雄花，催熟果实，促进衰老和脱落。

乙二膦酸

化学名称为 1,2-次乙基二膦酸，又名 EDPA。为 40％水剂。可促进果实成熟、种子萌发，打破顶端优势等。

三十烷醇

是含有 30 个碳原子长链的饱和脂肪醇，又名 TRIA、蜂花醇。剂型有 0.1％、0.25％、0.05％乳剂与胶悬剂。用于各种植物有增产效果，特别是用在海带和紫菜生长调控方面。

石油助长剂

又名长-751、C-751。化学名称为环烷酸盐(钠、铵)。为 40％水剂，棕色液体。可刺激种子萌发，促进发根和植株苗壮，增强叶片光合作用，加速籽粒灌浆，提高作物产量。

油菜素内酯

又名芸苔素内酯、BR。剂型有 0.01％乳剂，0.15％油剂。本剂在多种作物、蔬菜、果树上有应用，可促进根系发育，茎叶生长,增加产量,提高品质,提高抗性,且起作用的浓度极微,用量很少。

水 杨 酸

化学名称为 2-羟基苯甲酸,简写为 SA。别名柳酸、沙利西酸、撒酸。为 99%粉剂。可促进生根,增强抗性,提高产量等。

壳 聚 糖

也叫甲壳素、甲壳胺。广泛分布于动、植物及菌类中。纯品为白色或灰白色无定形片状或粉末。用于处理种子,提高产量。用作种子的包衣剂成分。也可用于改良土壤,作农药的缓释剂、水果保鲜剂,此外还有抗病防病的作用。

核 苷 酸

为核酸分解的混合物,一类为嘌呤或嘧啶-3′-磷酸,另一类为嘌呤或嘧啶-5′-磷酸。为 0.05%液剂。用于叶面喷洒、秧苗处理等,可提高产量,促进生长。

2,4-D 丙酸

2,4-D 丙酸又名 2,4-DP、防落灵。化学名称为(2,4-二氯)苯氧异丙酸。为 95%粉剂。用作谷类作物中蓼及其他双子叶杂草的防除,也可作苹果、梨的采前防落果剂,且有着色作用。此外对葡萄、番茄也有采前防落果作用。

丰 啶 醇

丰啶醇又名 7841。其化学名称为 3-(2-吡啶基)丙醇。为 80%乳油。能使植株矮化,茎秆变粗,叶面积增大及刺激生根等。可用于大豆、花生、向日葵等作物,起矮化、增产等作用。

尿 囊 素

化学名称为 N-2,5-二氯-4-咪唑烷基脲。纯品为无色结晶粉末。可增强蔗糖酶的活性,提高甘蔗产量。尿囊素对土壤微生物有激活作用,从而有改善土壤的效应。由于应用后能引起植物体内核酸的变化,对多种农作物有促进生长的作用。

调节安

调节安的化学名称为 1,1-二甲基吗啉鎓氯化物,又名 DMC。工业品为白色或淡黄色粉末状固体,有效活性成分含量≥95%。可调节棉花的生育,抑制营养生长,加强生殖器官的生长势,增加结铃数和铃重。

黄腐酸

黄腐酸是一类组织结构相似而又各不相同的复杂物质的混合物,其中溶于水或稀酸的部分为黄腐酸。其他名有富里酸、抗旱剂一号、旱地龙。有些也将其归类为微肥或叶面肥。黄腐酸为黑色或棕黑色粉末。黄腐酸可用以改良土壤,用于水稻浸种,促进生根和生长;用于葡萄、甜菜、甘蔗、瓜果、番茄等,可不同程度地提高含糖量或甜度;用于杨树等插条可促进插枝生根;小麦在拔节后喷洒叶面,可提高其抗旱能力,提高产量。

复硝钠

复硝钠是几种含硝基苯酚钠盐(有的产品是胺盐)的复合型植物生长调节剂,又名爱多收。为 1.8%水剂。用于浸种、喷叶等。

氟节胺

又名抑芽敏。为 25%乳油。是烟草侧芽抑制剂。

矮抑安

又名伏草胺。为 0.48%或 0.24%液剂。可抑制观赏植物和灌木的顶端生长和侧芽生长,增加甘蔗含糖量。

萘乙酰胺

又名 NAAm、NAD。剂型有 8.4%可湿性粉剂,10%可湿性粉剂。可引起花序梗离层的形成,从而作疏果剂,同时也有促进生根的作用。

噻唑隆

又名噻苯隆、脱叶灵、脲脱素、脱叶脲。为 50%可湿性粉剂。可促进成熟叶片的脱叶,加快棉桃吐絮。在低浓度下它具有细胞激动素的作用,能诱导一些植物的愈伤组织分化出芽来,也可作坐果剂。

硫 脲

硫脲是一种有弱激素作用的硫代尿素。硫脲纯品为白色结晶。可延缓叶片衰老,在缺乏激动素的大豆愈伤组织中添加硫脲,可诱导形成细胞激动素,促进愈伤组织的生长。也可用于打破休眠,提高抗病性,增加产量。

抗坏血酸

又名维生素 C、Vc、丙种维生素。为 6%水剂。用于插枝生根和抗病、增产等方面。

二甲戊乐灵

二甲戊乐灵又名除芽通。为 33%乳油。是接触型烟草腋芽抑制剂。在烟草打顶后用除芽通能抑制烟草腋芽的发生。

仲 丁 灵

仲丁灵又名止芽素。为 36%乳油。可抑制烟草腋芽发生,还可减轻田间花叶病的接触传染。

氯苯胺灵

氯苯胺灵又名戴科、CIPC。剂型有 0.7%粉剂,50%气雾剂。可作选择性苗前、芽前、早期苗后除草剂,也用于马铃薯抑芽、贮藏。

硝·萘合剂

由萘乙酸钠与对硝基苯酚钠、邻硝基苯酚钠和 2,4-二硝基苯酚钠加表面活性剂等混合而成,可增加作物产量。

激·生·酶合剂

由细胞激动素、生长素、酶、微量元素和氨基酸等混合而成,可促进生长,改善品质。

赤霉素·苄基嘌呤合剂

由 6-苄基腺嘌呤与 GA_4 和 GA_7(赤霉素$_4$ 和赤霉素$_7$)混合而成,可促进坐果。

芸·乙合剂

由油菜素内酯(芸苔素内酯)和乙烯利混合而成,可矮化植株。

季铵·羟季铵合剂

由矮壮素和氯化胆碱混合而成,可矮化植株。

季铵·乙合剂

由矮壮素与乙烯利复配而成,可矮化植株。

季铵·哌合剂

由矮壮素与助壮素两种抑制剂复配而成,可抑制伸长生长。

嗪酮·羟季铵合剂

由氯化胆碱与抑芽丹组合而成,可抑制腋芽或侧芽的萌发。

羟季铵·萘合剂

由氯化胆碱与萘乙酸混配而成,可膨大块根块茎。

羟季铵·萘·苄合剂

由氯化胆碱、萘乙酸和 6-苄基腺嘌呤混配而成,可膨大块根块茎。

乙·嘌合剂

由乙烯利和6-苄基腺嘌呤混合而成,可促进生长发育。

乙·唑合剂

由乙烯利和烯效唑两种生长抑制剂复合而成,可控制冬梢分枝。

赤·吲合剂

由赤霉酸(GA_3)和吲哚丁酸混合而成,可促进幼苗生长。

黄·核合剂

由黄腐酸与核苷酸混合而成,可促进生长。

吲乙·萘合剂

由吲哚乙酸和萘乙酸复合而成,可促进生根。

吲丁·萘合剂

由吲哚丁酸和萘乙酸复合而成,可促进生根。

哌·乙合剂

由甲哌啶和乙烯利混合而成,可抑制生长。

萘·萘胺·硫脲合剂

由萘乙酸、萘乙酰胺和硫脲复配而成,可促进插枝生根。

唑·哌合剂

由多效唑与甲哌鎓复合而成,可矮化植株。

多效·烯效合剂

由多效唑与烯效唑复合而成,可矮化植株。

金盾版图书，科学实用，
通俗易懂，物美价廉，欢迎选购

蔬菜生产手册	11.50 元	绿叶菜类蔬菜园艺工培	
蔬菜栽培实用技术	20.50 元	训教材	9.00 元
蔬菜生产实用新技术	17.00 元	绿叶蔬菜保护地栽培	4.50 元
蔬菜嫁接栽培实用技术	10.00 元	绿叶菜周年生产技术	12.00 元
蔬菜无土栽培技术		绿叶菜类蔬菜病虫害诊	
操作规程	6.00 元	断与防治原色图谱	20.50 元
蔬菜调控与保鲜实用		绿叶菜类蔬菜良种引种	
技术	18.50 元	指导	10.00 元
蔬菜科学施肥	9.00 元	绿叶菜病虫害及防治原	
城郊农村如何发展蔬菜		色图册	16.00 元
业	6.50 元	根菜类蔬菜周年生产技	
蔬菜规模化种植致富第		术	8.00 元
一村——山东省寿光市		绿叶菜类蔬菜制种技术	5.50 元
三元朱村	10.00 元	蔬菜高产良种	4.80 元
种菜关键技术 121 题	13.00 元	根菜类蔬菜良种引种指	
菜田除草新技术	7.00 元	导	13.00 元
蔬菜无土栽培新技术		新编蔬菜优质高产良种	12.50 元
（修订版）	11.00 元	名特优瓜菜新品种及栽	
无公害蔬菜栽培新技术	7.50 元	培	22.00 元
长江流域冬季蔬菜栽培		稀特菜制种技术	5.50 元
技术	10.00 元	蔬菜育苗技术	4.00 元
夏季绿叶蔬菜栽培技术	4.60 元	瓜类豆类蔬菜良种	7.00 元
四季叶菜生产技术 160		瓜类豆类蔬菜施肥技术	6.50 元
题	7.00 元	瓜类蔬菜保护地嫁接栽	
蔬菜配方施肥 120 题	6.50 元	培配套技术 120 题	6.50 元

瓜类蔬菜园艺工培训教材(北方本)	10.00元	温室种菜技术正误100题	10.00元
瓜类蔬菜园艺工培训教材(南方本)	7.00元	蔬菜地膜覆盖栽培技术(第二次修订版)	4.50元
菜用豆类栽培	3.80元	塑料棚温室种菜新技术(修订版)	17.50元
食用豆类种植技术	19.00元		
豆类蔬菜良种引种指导	11.00元	塑料大棚高产早熟种菜技术	4.50元
豆类蔬菜栽培技术	9.50元		
豆类蔬菜周年生产技术	10.00元	大棚日光温室稀特菜栽培技术	10.00元
豆类蔬菜病虫害诊断与防治原色图谱	24.00元	日常温室蔬菜生理病害防治200题	8.00元
日光温室蔬菜根结线虫防治技术	4.00元	新编棚室蔬菜病虫害防治	15.50元
豆类蔬菜园艺工培训教材(南方本)	9.00元	南方早春大棚蔬菜高效栽培实用技术	10.00元
南方豆类蔬菜反季节栽培	7.00元	稀特菜保护地栽培	6.00元
四棱豆栽培及利用技术	12.00元	稀特菜周年生产技术	8.50元
菜豆豇豆荷兰豆保护地栽培	5.00元	名优蔬菜反季节栽培(修订版)	22.00元
图说温室菜豆高效栽培关键技术	9.50元	名优蔬菜四季高效栽培技术	9.00元
黄花菜扁豆栽培技术	6.50元	塑料棚温室蔬菜病虫害防治(第二版)	6.00元
番茄辣椒茄子良种	8.50元		
蔬菜施肥技术问答(修订版)	5.50元	棚室蔬菜病虫害防治	4.50元
现代蔬菜灌溉技术	7.00元	北方日光温室建造及配套设施	6.50元
日光温室蔬菜栽培	8.50元	南方蔬菜反季节栽培设施与建造	6.00元
温室种菜难题解答(修订版)	10.50元	保护地设施类型与建造	9.00元

引进国外黄瓜新品种及栽培技术	6.00 元
怎样提高黄瓜栽培效益	5.50 元
保护地黄瓜种植难题破解 100 法	8.00 元
冬瓜南瓜苦瓜高产栽培（修订版）	5.50 元
冬瓜保护地栽培	4.00 元
冬瓜佛手瓜无公害高效栽培	8.50 元
无刺黄瓜优质高产栽培技术	5.50 元
苦瓜优质高产栽培	7.00 元
茼蒿蕹菜无公害高效栽培	6.50 元
苦瓜丝瓜无公害高效栽培	7.50 元
甜瓜无公害高效栽培	8.50 元
南瓜栽培新技术	6.00 元
南瓜贮藏与加工技术	6.50 元
西葫芦与佛手瓜高效益栽培技术	3.50 元
苦瓜丝瓜佛手瓜保护地栽培	3.50 元
西葫芦保护地栽培技术	5.00 元
西葫芦保护地栽培	4.00 元
西葫芦南瓜无公害高效栽培	8.00 元
越瓜菜瓜栽培技术	4.00 元
精品瓜优质高效栽培技术	7.50 元
瓜类蔬菜周年生产技术	14.00 元
瓜类蔬菜病虫害诊断与防治原色图谱	45.00 元
瓜类蔬菜制种技术	5.00 元
怎样提高茄子种植效益	8.00 元
茄子保护地栽培	5.50 元
茄子无公害高效栽培	9.50 元
引进国外茄子新品种及栽培技术	6.50 元
茄子病虫害及防治原色图册	13.00 元
保护地茄子种植难题破解 100 法	8.50 元
茄果类蔬菜园艺工培训教材（南方本）	10.00 元
茄果类蔬菜良种引种指导	19.00 元
茄果类蔬菜保护地嫁接栽培配套技术 100 题	7.50 元

以上图书由全国各地新华书店经销。凡向本社邮购图书或音像制品，可通过邮局汇款，在汇单"附言"栏填写所购书目，邮购图书均可享受 9 折优惠。购书 30 元（按打折后实款计算）以上的免收邮挂费，购书不足 30 元的按邮局资费标准收取 3 元挂号费，邮寄费由我社承担。邮购地址：北京市丰台区晓月中路 29 号，邮政编码：100072，联系人：金友，电话：(010)83210681、83210682、83219215、83219217(传真)。